Gericke et al.

Was Sie schon immer über Tierversuche wissen wollten

Daten und Fakten

Was **Sie** schon immer über **Tierversuche** **wissen** wollten

Daten und Fakten

Corina Gericke/Astrid Reinke

EchoVerlag

Bibliografische Information der Deutschen Bibliothek:
Die Deutsche Bibliothek verzeichnet diese Publikation in der
Deutschen Nationalbibliografie; detaillierte bibliografische Daten
sind im Internet über http://dnb.ddb.de abrufbar.

Was Sie schon immer über Tierversuche wissen wollten
Daten und Fakten
Komplett neu bearbeitet und aktualisiert von Corina Gericke
unter Mitarbeit von Astrid Reinke, 2005.
Frühere Auflagen unter dem Titel:
Tierversuche müssen abgeschafft werden / von Bernhard Rambeck;
Andrea Clages; Edmund Haferbeck. (Aktuelle Fragen – sachliche Antworten)
Göttingen: Echo Verlag
ISBN 3-926914-30-0

Postfach 1704, D-37007 Göttingen
www.echoverlag.de

Gesamtherstellung: Verlag Die Werkstatt GmbH

ISBN 3-926914-45-9

Inhalt

Vorwort

Als in Folge der ungeheuren Hurrikankatastrophe im Spätsommer 2005 im Golf von Mexiko Menschen von Hubschraubern und Schlauchbooten evakuiert wurden, weigerten sich einige, denen das Wasser buchstäblich bis zum Hals stand, sich ohne ihre Haustiere retten zu lassen. Die Helfer hielten sich aber strikt an ihre Anweisung »Keine Tiere«. So gingen Bilder einer verzweifelten Frau, die mit ihren Tieren in ihrem Hause blieb, um die Welt. Andere Helfer kamen, um speziell nach zurückgelassenen Tieren zu suchen, was ihnen z.T. die Häme deutscher Fernsehkommentatoren eintrug, geflohene Katastrophenopfer kamen zurück, um ihre Tiere zu holen, was ihnen von den Behörden wiederum verboten wurde. Offen stoßen hier ganz unterschiedliche Wahrnehmungs- und Erlebnisweisen aufeinander: Hier das Tier als Wesen mit eigenem Lebensrecht, als Familienmitglied, wie es der Präsident der »Humane Society« der USA formulierte, dort tausende Haustiere, die wie alte Möbel zurückgelassen werden oder zurückgelassen werden müssen (Frankfurter Rundschau vom 7. 9. 2005).

Diese unterschiedliche Einstellung zum Tier ist auch der Anlass dieses wichtigen Buches: Während für einen Teil der Menschen Tierversuche der Ausdruck massiver Gewalt ist (Mahatma Gandhi: »Vivisektion: Das schwärzeste Verbrechen«), sind sie für andere legitim, weil ein Tier in ihren Augen keinen Wert hat: Man kann es als Messinstrument nutzen oder zum Verhungern in der Wohnung lassen.

Historiker haben gezeigt, dass es eine sehr lange, schwierige Entwicklung brauchte, bis die früheren brutalen Formen des Umgangs mit Kindern (willkürliche Tötung, Opferung, Aussetzung) wenigstens ansatzweise einem Verständnis für Kinder als schutzbedürftiger Wesen Platz gaben (so z. B. Lloyd de Mause »Hört ihr die Kinder weinen – Eine psychogenetische Geschichte der Kindheit«; dt. 1977). Es gab und gibt immer noch in der Geschichte der Menschheit sehr unterschiedliche Stufen der Entwicklung von Empathie und Sensibilität. So repräsentieren die Menschen, die ihre Tiere nicht hilflos zurücklassen wollen, und die, die ins Katastrophengebiet reisen, um auch

Tieren zu helfen, eine fortgeschrittene Stufe der Menschlichkeit, so wie die Eltern und Lehrer früherer Zeiten, die Kinder statt mit der üblichen Gewalt mit Verständnis und Liebe zu erziehen versuchten.

Dieses notwendige Buch ist auch ein Beleg dafür, dass die Entwicklung der Menschlichkeit weitergeht, dass sich Mitgefühl und Sensibilität nicht auf den rein zwischenmenschlichen Bereich beschränken und beschränken lassen, weil sich durch die Evolution Leiden und Schmerzen bei Menschen und Tieren in ähnlicher Weise auswirken: ob bei den in der Not verlassenen Haustieren, den Pelztieren, den Proteinlieferanten in der industrialisierten Landwirtschaft und auch und gerade bei den Versuchstieren, dem Thema dieses Buches.

Es ist deshalb Unrecht, Tiere so zu behandeln, als wenn diese Gleichheit nicht gegeben wäre. Die Gerechtigkeit gebietet, Gleiches gleich zu behandeln. Schmerz empfindende Geschöpfe dürfen in Bezug auf ihre Leidensfähigkeit nicht ungleich behandelt werden.

Darum darf die Leidensfähigkeit der Tiere nicht ins Bewusstsein treten, und so beginnt die Legitimation der Tierversuche mit einer großen Lüge: Descartes, der selbst grausame Versuche durchführte, behauptete eine Trennung von vernunftbegabter und dinglicher Seinsweise und ordnete Tiere der letzteren zu. Die Herabstufung der Tiere zu Maschinen sollte, wie er selbst schrieb, das Gewissen der Menschen erleichtern und wurde dankbar aufgegriffen: eine Verwandlung der Gewalt des Stärkeren in eine scheinbar philosophisch begründete Lizenz zum Töten (und Quälen).

Descartes' Argumentation zeigt – und dies ist bis auf den heutigen Tag so geblieben – dass es im Streit um Tierversuche – jedenfalls auf der Seite der Befürworter – an der entscheidenden Voraussetzung einer sinnvollen Kommunikation fehlt: Dem Willen zur Ehrlichkeit. Insofern ist es wichtig, dass das Buch auf die falschen Vorstellungen hinweist, die sich Experimentatoren über die Leidensfähigkeit der Tiere und die Schwere der ihnen auferlegten Belastungen machen.

Auch andere, spätere Philosophen haben die Schreie der Tiere überhört. In Abwandlung eines bekannten Satzes möchte ich sagen: Die Philosophen haben das Blut nur verschieden interpretiert, aber nicht wegwischen können. Es bleibt ein unangenehmer rotbrauner Fleck, den keine Wissenschaftsvermarktung oder Wissensshow zum Verschwinden bringen kann. Die unüberhörbaren Hilfeschreie der Tiere werden hier nicht mit der Wortmagie, den Worthülsen und Weichmachern einer scheinbar voraussetzungslosen Wissenschaft erstickt.

In den Wahlkämpfen des Jahres 2005 war viel von Billiglohnland, bedrohtem Kultur- und Schulnotstand (Pisa) die Rede. Dieses Buch ist ein Beitrag zum Wertenotstand, der sich in der mangelnden Ehrfurcht vor dem Leben und fehlender Rücksicht auf die schwächsten Mitglieder der Gesellschaft, die Tiere, zeigt, denn es ist vom Respekt vor dem Leben getragen. Wir wollen kein ethisches Billigland werden!

Eine Ethik, die nur den Menschen sieht, ist keine Ethik, denn sie wäre das Recht des Stärkeren, ein Faustrecht. Wer nur die eigene Spezies (der biologische Begriff steht für Art) sieht, ist ein artegoistischer Speziesist wie ein Rassist, Sexist, Chauvinist oder gar wie ein fundamentalistischer Terrorist, dem nur die eigene eingebildete Höherwertigkeit etwas gilt. In diesen Tagen wurde wieder in ungezählten Veranstaltungen in New York des 11. September 2001 gedacht, ohne den Kern des Problems zu treffen: die fehlende Empathie für Schmerz und Leid in der Geschichte der Menschheit gegenüber allem, was leidensfähig und schmerzempfindlich ist: die fehlende Ehrfurcht vor dem Leben. Hier schließt sich der Kreis der Argumentation: Die Vorstellung »Es sind ja nur Tiere...« ist der Fundamentalismus einer negativen Ethik. Damit beginnt die Barbarei. Jene unbekannte Frau in New Orleans hat noch ein Gespür dafür gehabt und hat wirkliche Empathie gezeigt. Wer sich die Bilder aus den Tierversuchslaboren anschaut und noch einen Funken Empathie hat, lebt mit albtraumartigen Zuständen und schämt sich, der biologischen Spezies »Mensch!« anzugehören. Wie stelle ich mir die wahre Hölle vor? Kein Fegefeuerkessel, sondern einen vollklimatisierten, weiß gekachelten Raum, sterile Handschuhe, Mundschutz, Skalpelle, Elektroden, Spritzen und Gummistiefel mit Blutspritzern. Auch davon handelt dieses Buch, wenn auch die Fotos fehlen.

Von Empathie ist gerade dieses Buch getragen und zugleich – und das ist eben kein Gegensatz – Wissenschaft in der wahren Wortbedeutung.

Um angeblich uns Menschen vom Leid zu befreien, wird das Leid der Tiere kaltblütig in Kauf genommen. Bereits vor 25 Jahren

(1980) sprach sich der renommierte Münchener Philosoph Robert Spaemann zeitlos gegen alle Tierversuche aus: »Was heute an Millionen Versuchstieren geschieht, muss verboten werden, weil es mit der Selbstachtung einer menschlichen Rechtsgemeinschaft nicht vereinbar ist. Die absichtsvolle Verwandlung eines solchen Lebens in ein Bündel von Leiden und stumme Verzweiflung ist ein Verbrechen. Was sollte eigentlich sonst ein Verbrechen sein?« Dieses Buch ist eine Fortsetzung dieser Feststellung. Leider gibt es aber wenige Themen, bei denen Argumente so hilflos sind, weil dem nicht mehr zu helfen ist, der das Gefühl für diese Verbrechen an den Wehrlosen verloren hat.

Allen leidensfähigen Mitgeschöpfen steht ein artgerechtes Leben zu. Das fordert auch dieses Buch zwischen jeder Zeile für alle Versuchstiere. Deshalb gehörte der Tierschutz endlich auch als Staatsziel ins Grundgesetz (Art. 20 a GG seit 2002).

Tiere sind keine Sachen, sondern sollten Rechtssubjekte sein. Ihre Degradierung zu bloßen Messinstrumenten wie im Tierversuch unter Missachtung der Schmerzfähigkeit ist für Wertkonservative, Christen, Moslems und Juden, Sozialisten, Atheisten und alle andere Menschen guten Willens nicht hinnehmbar.

Die folgenden Fragen sind Grenzsteine im Kampf um die Anerkennung von Tierrechten. Die profunden Antworten in diesem Buch sind dagegen Meilensteine und Bausteine zur Durchsetzung von Tierrechten als dem konsequenten Fortgang der Emanzipationsbewegungen der Neuzeit wie z.B. der Abschaffung von Sklaverei, dem Kampf gegen Frauenunterdrückung, der Kindesmisshandlung, dem Kolonialismus und der Apartheid. Unser 21. Jahrhundert sollte nicht damit enden, dass ein großer Teil der Tiere noch durch die weiten Maschen des Tierschutzgesetzes fällt und wir Menschen eigentlich nur jeden Tag dafür danken müssen, dass wir nicht als Tiere auf diese Erde gekommen sind.

Die nicht überzeugenden Antworten der Tierversuchslobby dagegen sind nur Grabsteine für allein jährlich in Deutschland über zwei Millionen Versuchstiere. Wer dieses Buch gelesen hat, wird erkennen, dass medizinischer Fortschritt möglich ist. Er ist ethisch vertretbar, wenn dieser nicht durch neues Leid erkauft wird.

Prof. Dr. iur. Wolfgang Karnowsky, Dortmund
11. September 2005

Allgemeines

1. In welchen Bereichen werden Tierversuche durchgeführt?

Tierversuche werden vor allem in der Arzneimittelforschung und im universitären Bereich durchgeführt. Aber auch in der chemischen und kosmetischen Industrie, in der wehrmedizinischen, Ernährungs- und Umweltforschung sowie im Rahmen der Impfstoffprüfung, Krankheitsdiagnostik und Lehre sind Tierversuche üblich. Nach den offiziellen Statistiken[1] macht die vorwiegend an den Universitäten und Max-Planck-Instituten durchgeführte Grundlagenforschung seit einigen Jahren den größten Teil der Tierversuche aus. Im Jahr 2004 waren es 33 %. Die human- und veterinärmedizinische Forschung, z. B. im Arzneimittelbereich, lag im gleichen Jahr bei 22 %. Giftigkeitsprüfungen für Chemikalien und Arzneimittel schlugen mit 7 % zu Buche.

Grundsätzlich kann man davon ausgehen, dass alles, womit der Mensch in Berührung kommt, was er isst oder einnimmt, gebraucht oder verbraucht, in irgendeiner Weise an Tieren getestet wurde. Diese »Unbedenklichkeitsprüfungen« bieten allerdings nicht die versprochene Sicherheit für den Verbraucher. Die regelmäßig auftretenden Chemikalien- und Arzneimittelkatastrophen zeigen, dass uns Tierversuche nicht vor Schäden schützen können.

Viele Tierversuche, vor allem im Bereich der Grundlagenforschung, sind rein akademischer Natur und haben mit dem Menschen nicht einmal entfernt etwas zu tun. So dienen Versuche, bei denen Staren und Eulen Elektroden in den Schädel eingepflanzt werden, um Hirnströme zu messen, lediglich der Befriedigung der wissenschaftlichen Neugier.

2. Wie viele Tiere werden pro Jahr für Tierversuche verbraucht?

Seit dem 1.1.1989 besteht durch die Versuchstiermeldeverordnung eine gesetzliche Verpflichtung zur Erfassung der in Tierversuchen verbrauchten Tiere. Das Bundesministerium für Verbraucherschutz,

Ernährung und Landwirtschaft[1] veröffentlicht seither jedes Jahr entsprechende Statistiken. Die Zahlen gingen zunächst von 2,6 Millionen im Jahr 1989 auf 1,5 Millionen im Jahr 1997 zurück. Seither steigen sie wieder an. 2004 wurden 2,26 Millionen Versuchstiere gezählt.

3. Gibt es eine Dunkelziffer?

Die tatsächliche Zahl der im Zusammenhang mit Experimenten verbrauchten Tiere liegt im Dunklen, da die offiziellen Statistiken Lücken aufweisen. Bereits bei Zucht und »Vorratshaltung« werden »überschüssige« Tiere getötet oder sterben schon vor dem eigentlichen Versuch bei Haltung und Transport. Versuchstiere werden üblicherweise nicht nach Bedarf gezüchtet, sondern im Überschuss, um jederzeit eine gewisse Anzahl von Tieren der einzelnen Arten, Alters- und Gewichtsklassen vorrätig zu haben. Auch fehlen in der Statistik Tiere, die im Bereich der studentischen Ausbildung getötet werden, ebenso wie Tiere, die der Erstellung gentechnisch veränderter Linien dienen. Die Zahl der Tiere, die nicht die gewünschte genetische Veränderung aufweisen, wird auf 90-99% geschätzt. Diese Tiere werden getötet und tauchen nicht in den Statistiken auf. In Tierversuchen verwendete wirbellose Tiere wie Schnecken, Insekten und Krebse werden überhaupt nicht gezählt.

4. Welche Tierarten werden für Tierversuche benutzt?

Es gibt im Grunde kaum eine Tierart, die nicht im Tierversuch verwendet wird. Das Gros machen Ratten und Mäuse aus (zusammen rund 80%). Der Grund für die Verwendung von Nagern: Sie sind kompakt, zäh, billig und leicht zu züchten. Daneben werden in den Laboratorien Katzen, Hunde, Kaninchen, Meerschweinchen, Affen, aber auch Vögel – vor allem Zebrafinken, Wachteln und Hühner -, außerdem Goldhamster, Ziegen, Schafe, Schweine, Pferde, Rinder, Fische und viele andere Tierarten eingesetzt. Auch exotische Tiere, wie Fledermäuse, Murmeltiere oder Salamander, müssen mitunter für Experimente herhalten.

5. Woher stammen die Tiere?

Viele tierexperimentelle Einrichtungen, wie pharmazeutische Unternehmen und Universitäten, züchten ihre Versuchstiere selbst. Andere bestellen bei kommerziellen Versuchstierzüchtern. So wie man bei einem Versandhandel Bücher oder Kleidungsstücke aus einem Katalog aussucht, werden bei den Versuchstierzüchtern lebende Tiere als Ware feilgeboten. Im Internet oder im Katalog können Experimentatoren aus einer großen Auswahl verschiedenster Arten und Züchtungen auswählen. Es werden sogar voroperierte Tiere angeboten, z. B. Ratten und Mäuse mit abgebundenen Blutgefäßen oder Nerven, einoperierten Messgeräten oder Kathetern (Plastikschläuche), mit entfernter Milz oder Niere usw. Das amerikanische Jackson Laboratory bietet Tausende verschiedener Mäusestämme an, deren Erbgut so manipuliert wurde, dass die Tiere bestimmte Erkrankungen wie Krebs, Diabetes oder Fettleibigkeit bekommen. Der weltweit größte Versuchstierzüchter ist Charles River Laboratories, der zweitgrößte Harlan Winkelmann. Beides sind amerikanische Firmen, die auch in Deutschland Filialen unterhalten. Charles River in Sulzfeld züchtet Mäuse, Ratten, Meerschweinchen, Hamster, Kaninchen und Fische. Bei Harlan Winkelmann in Borchen kann man Hunde, Mäuse, Ratten, Meerschweinchen und Hamster bestellen.

Affen stammen größtenteils aus Ländern wie Indonesien, Philippinen oder Mauritius. Hier werden sie für den Export gezüchtet oder aber wild gefangen. Schon allein Fang und Transport sind für die Tiere eine Tortur. Viele überleben den Stress nicht.

6. Werden Tierversuche nicht unter Narkose durchgeführt?

Niemand bezweifelt, dass z. B. Operationen normalerweise unter Anästhesie stattfinden. Tiere sind jedoch schon vor Eintritt der Narkose durch angsteinflößende Manipulationen einem erheblichen Leidensdruck ausgesetzt. Tieren kann man nicht erklären, was geschieht. Nach dem Erwachen erleiden die Tiere die Auswirkungen der Eingriffe bei vollem Bewusstsein. Beispiele: Ratten, denen unter Narkose die Haut mit kochendem Wasser verbrüht wurde, mussten anschließend die Schmerzen 33 Tage lang ertragen[2]. Katzen werden unter Narkose Nerven des Rückenmarkes durchtrennt. Die eigentlichen Versuche finden an den unbetäubten, gelähmten Tieren statt[3].

Schafen werden die Beine durchgesägt und wieder zusammengesetzt. Nach der Operation werden sie 84 Tage lang beobachtet[4]. Bei Schweinen wird unter Narkose ein Loch in den Magen geschnitten, so dass der Mageninhalt in die Bauchhöhle fließen kann. In den folgenden Tagen sterben drei Viertel der Tiere an einer schmerzhaften Bauchfellentzündung[5].

Die meisten Experimente werden gänzlich ohne Narkose vorgenommen, zum Beispiel der gesamte Bereich der Giftigkeitsprüfungen. Dazu gehören Untersuchungen, bei denen Tiere mehr oder weniger langsam vergiftet werden. Grausame Berühmtheit erlangte der LD50-Test, bei dem die Dosis einer Substanz so lange erhöht wird, bis 50 %, also die Hälfte der Versuchstiere, sterben. Versuche, bei denen Krebs hervorgerufen oder epilepsieartige Krämpfe durch Giftstoffe bzw. elektrische Reize erzeugt werden, erfolgen an unbetäubten Tieren. Experimente, bei denen Tiere mit Krankheitserregern infiziert werden, wie auch Tests in der Schmerz- und Rheumaforschung, werden ebenfalls nicht in Narkose durchgeführt.

7. Wie werden die Tiere gehalten?

Augenzeugenberichte, Fotos und mit versteckter Kamera gemachte Filmaufnahmen dokumentieren zum Teil skandalöse Haltungsbedingungen. Viele Tiere werden in kleinen Käfigen oder Betonboxen unter ständigem Kunstlicht ohne Auslauf gehalten und nur mangelhaft verpflegt. Freundliche menschliche Zuwendung oder artgemäße Sozialkontakte kennen sie nicht. Es wurden Beagle-Hunde beobachtet, die in ihrem eigenen Kot und Urin standen, der nur gelegentlich mit einem Wasserstrahl abgespritzt wurde. Durch die ständige Feuchtigkeit entzündeten sich die Pfoten, so dass die Tiere wegen der schmerzhaften Entzündungen nur noch im Liegen fraßen.

Hygienisch sauber und klinisch einwandfrei ist jedoch die Maxime in den meisten deutschen Forschungsstätten. Doch mit artgemäßer Haltung hat auch dies nichts zu tun. Affen werden oft einzeln in kleinen Gitterkäfigen ohne jegliche Beschäftigungsmöglichkeit gehalten. Solche Bedingungen sind für die bewegungsaktiven und empfindsamen Tiere psychische Folter. Sie entwickeln schwere Verhaltensstörungen, z. B. so genannte stereotype Bewegungen, wie Im-Kreis-Drehen, Hin-und-her-Wippen und Salto-Schlagen.

Die Unterbringung von Ratten und Mäusen erinnert an ein Schrauben- oder Maschinenteilelager. Die Tiere leben in kleinen Plastikschachteln mit Drahtdeckel, die wie Schubladen über- und nebeneinander in großen Regalen stecken. »Standardisierung« nennt sich das. Die reizarme Umgebung führt bei Nagetieren zu gestörten Verhaltensweisen. Joseph Garner von der University of California in Davis hat herausgefunden, dass die Stereotypien Ausdruck einer dauerhaften Hirnschädigung sind: »Experimente unter standardisierten Bedingungen sagen noch nicht einmal viel über Mäuse im Allgemeinen aus, geschweige denn über Menschen, die bekanntlich in einer extrem abwechslungsreichen Umwelt leben«[6].

8. Sind viele Tierversuche denn nicht weniger schmerzhaft als eine kleine Injektion?

Tiere werden vergiftet, verbrüht, ertränkt, genmanipuliert, erstickt, verstümmelt, süchtig gemacht, ihre Beine werden zersägt, sie werden mit Elektroschocks traktiert, bei ihnen werden Krebs, Rheuma und andere schmerzhafte Krankheiten erzeugt. Angesichts der grausamen Realität verwundert es nicht, dass die Tierversuchsindustrie uns suggerieren will, Tierversuche seien nicht weiter schlimm. Doch Tierversuche bedeuten immer Leid, Qual, Schmerz, Angst und Stress für die Tiere. Das Leid der Versuchstiere fängt sogar schon lange vor dem Versuch an: bei Zucht, Handel, Transport und Haltung.

Auch eine vermeintlich harmlose Injektion bedeutet für ein Tier schon Stress und Schmerz[7]. Was danach kommt, ist meist jedoch noch erheblich schlimmer. Die Spritze kann Krankheitserreger, Krebszellen oder Giftstoffe enthalten. Entsprechend qualvoll sind die Folgen für das einzelne Tier.

Einer wissenschaftlichen Studie zufolge wird das Leid der Versuchstiere von der Mehrzahl der Experimentatoren regelmäßig als zu niedrig eingestuft. Auf den Formularen zur Genehmigung von Tierversuchen wurden »keine« oder »geringe Schmerzen« angegeben, obwohl erhebliche Schmerzen zu erwarten waren. In der Studie heißt es, zwei Drittel der Experimentatoren setzten den Belastungsgrad zu niedrig an, kein einziger zu hoch[8].

9. Was geschieht nach den Versuchen mit den Tieren?

Am Ende der Experimente werden praktisch alle Versuchstiere getötet. Besonders Ratten und Mäuse werden wie billige Wegwerfartikel behandelt. Mitunter werden Versuchstiere auch mehrfach verwendet, bevor sie getötet werden. Affen müssen oft jahrelang immer wieder die gleichen grausamen Versuche über sich ergehen lassen. Auch die mehrfach verwendeten Tiere werden letztendlich getötet.

10. Schützt das Tierschutzgesetz die Versuchstiere?

Laut §7 Tierschutzgesetz (TierSchG) muss für Tierversuche eine »Unerlässlichkeit« bestehen. Außerdem sind sie nur für bestimmte Zwecke zulässig:

1. Vorbeugen, Erkennen oder Behandeln von Krankheiten (...),
2. Erkennen von Umweltgefährdungen,
3. Prüfung von Stoffen oder Produkten auf ihre Unbedenklichkeit für die Gesundheit von Mensch oder Tier oder auf ihre Wirksamkeit gegen tierische Schädlinge,
4. Grundlagenforschung.

Auf den ersten Blick erscheinen Tierversuche damit eingeschränkt, sieht es so aus, als wenn Tierversuche nur für bestimmte unerlässliche Zwecke erlaubt seien. Tatsächlich sind aber alle nur denkbaren Versuchsansätze zulässig. So fallen unter Punkt 3 Tests für völlig überflüssige Produkte, um ihre »Unbedenklichkeit« zu untersuchen. Punkt 4 Grundlagenforschung deckt schließlich alle sonst noch verbleibenden Fragestellungen ab. Auch wenn ein Experiment einer noch so realitätsfernen Befriedigung wissenschaftlicher Neugier oder persönlicher Profilierungssucht dient, kann es als Beitrag zur Grundlagenforschung gekennzeichnet werden. »Unerlässlich« werden damit auch abstruse Fragestellungen, wie beispielsweise, was passiert, wenn man bei einem Goldfisch beide Augen entfernt.

Versuche an Wirbeltieren dürfen laut Tierschutzgesetz nur durchgeführt werden, wenn sie ethisch vertretbar sind und wenn die Ergebnisse »vermuten lassen, dass sie für wesentliche Bedürfnisse von Mensch oder Tier einschließlich der Lösung wissenschaftlicher Probleme von hervorragender Bedeutung sein werden«. Auch an dieser Stelle fasst der Gesetzgeber den möglichen Rahmen für Tierversuche so weit, dass letztendlich jeder Tierversuch erlaubt wird. Die Formulierung »Lösung wissenschaftlicher Probleme« schließt auch Experimente ohne jeglichen Bezug zu Heilung und Behandlung von Krankheiten ein.

11. Was versteht man unter Grundlagenforschung?

Die Grundlagenforschung ist im Unterschied zur Pharmaforschung weder wirtschafts- noch anwendungsorientiert. Mit ihr soll das allgemeine medizinische und naturwissenschaftliche Wissen vermehrt werden. Das meist abstrakte Forschungsinteresse wird gern mit möglichen Anwendungen in einer fernen Zukunft gerechtfertigt, die jedoch kaum jemand nachprüfen kann. Ein Beispiel: Hirnforscher Kreiter an der Universität Bremen verteidigt seine besonders grausamen Versuche an Affen mit einer Hoffnung auf Behandlung von Blindheit oder Lähmungen[9]. Affen werden dabei stundenlang in Affenstühlen gefesselt, für die bewegungsaktiven Tiere allein schon eine Tortur. Durch Durst gefügig gemacht, müssen sie bestimmte Aufgaben ausführen, während ihr Kopf unbeweglich an ein Gestell angeschraubt ist. In ihrem Gehirn stecken Elektroden, über die Hirnströme gemessen werden. Die Tiere werden oft jahrelang benutzt. Seit Jahrzehnten werden Experimente dieser Art in aller Welt gemacht. Geführt haben sie bislang vor allem zu einem riesigen Berg von Artikeln in Fachjournalen. Ein Nutzen für die Menschheit ist nicht in Sicht.

Im Bereich der biologischen Grundlagenforschung wird noch nicht einmal ein möglicher Nutzen in Aussicht gestellt. Ein Beispiel: Aus dem Meer gefangene Fische werden bis zur Erschöpfung durch ein Becken gejagt und unmittelbar anschließend getötet. Es geht um die Untersuchung des Muskelstoffwechsels bei arktischen Fischen[10].

In der Grundlagenforschung wird die Wissenschaft zum Selbstzweck. Nicht Heilung und Gesundheit stehen im Mittelpunkt der Wissenschaft, sondern die Wissenschaft selbst.

12. Schließt das Genehmigungsverfahren tierquälerische und überflüssige Tierversuche nicht aus?

Das Tierschutzgesetz unterscheidet bei Tierversuchen zwischen Anzeige- und Genehmigungspflicht. Zu den anzeigepflichtigen Tierversuchen zählen vor allem gesetzlich vorgeschriebene Tests, z. B. toxikologische Untersuchungen, also Tests, bei denen Tiere in großer Zahl vergiftet werden, sowie die Prüfung von Impfstoffen. Mit anderen Worten, für diese besonders qualvollen Versuche muss der Experimentator lediglich ein Formular ausfüllen.

Andere Tierversuche, vor allem im Bereich der Grundlagen- und Arzneimittelforschung, bedürfen der Genehmigung durch die Genehmigungsbehörde, meist das zuständige Regierungspräsidium. Ihm steht eine so genannte Tierversuchskommission (auch §15- oder Ethikkommission genannt) beratend zur Seite. Sie besteht zu zwei Dritteln aus Wissenschaftlern und nur zu einem Drittel aus Tierschutzvertretern. Viele Wissenschaftler befürworten Tierversuche und sind selbst Tierexperimentatoren. Aufgrund ihrer zahlenmäßigen Überlegenheit werden nur selten Tierversuchsanträge abgelehnt. Weiterhin hat die Kommission nur beratenden Charakter. Die Entscheidung liegt bei der Genehmigungsbehörde.

In seinem Antrag muss der Experimentator wissenschaftlich begründet darlegen, dass die Versuche unerlässlich und ethisch vertretbar sind, dem Stand der wissenschaftlichen Erkenntnisse entsprechen und keine Ersatzmethoden vorliegen. Irgendeinen in ferner Zukunft liegenden, möglichen Nutzen für den Menschen anzugeben, fällt nicht schwer, denn diese Behauptung ist nicht nachprüfbar. Auch die Frage nach dem Vorhandensein von tierversuchsfreien Methoden lässt sich für den Experimentator leicht verneinen, denn nachzuweisen, dass es für genau die gewünschte Fragestellung andere Verfahren gibt, überfordert so manche Kommission und Genehmigungsbehörde.

Zu kritisieren ist weiterhin, dass die Kommissionsmitglieder der strikten Schweigepflicht unterliegen, d.h., durch das Genehmigungsverfahren wird noch nicht einmal die Transparenz der zu großen Teilen durch unsere Steuergelder subventionierten tierexperimentellen Forschung erhöht. Fehlentscheidungen gelangen so nicht an die Öffentlichkeit.

Mitunter gelingt es den Kommissionen bei einzelnen Genehmigungsanträgen die Anzahl der Tiere zu reduzieren oder die Belastung für die Tiere herabzusetzen. Letztendlich ist die derzeitige Genehmigungspraxis aber nicht geeignet, eine wirkliche Hürde für Tierversuche darzustellen.

13. Wo und warum werden bestimmte Tierversuche vom Gesetzgeber verlangt?

Ein Weltbild, welches das Tier als Modell für den Menschen akzeptierte, führte zu dem Dogma, dass jedes Medikament und jede Operationstechnik zuerst am Tier zu erproben ist. Aus einer Wirkung am Tier wird dann, meist unreflektiert, auf eine Wirksamkeit beim Menschen geschlossen. Dieses Dogma schlug sich weltweit in der Gesetzgebung nieder, so dass heute keine Medikamente, Chemikalien oder andere Stoffe zugelassen werden, ohne ein stures System von Tierversuchen durchlaufen zu haben. In rund 20 deutschen und EU-Gesetzen, Verordnungen und Richtlinien sind Tierversuche vorgesehen, z. B.: Arzneimittelgesetz, Chemikaliengesetz, Futtermittelgesetz, Gentechnikgesetz, Infektionsschutzgesetz, Lebensmittel- und Bedarfsgegenständegesetz, Pflanzenschutzgesetz, Tierseuchengesetz[11]. Gesetzlich vorgeschriebene Tierversuche sind übrigens nicht genehmigungs-, sondern nur anzeigepflichtig.

So absurd es ist, dass sich die Gesetzgeber in aller Welt auf die völlig unzuverlässige Methode Tierversuch stützen, darf auch nicht unerwähnt bleiben, dass die Anzahl der aufgrund von Rechtsvorschriften durchgeführten Tierversuche seit Jahren kontinuierlich sinkt. Im Jahr 1991 lag ihr Anteil bei 35 % (rund 842.000 Tiere), 1995 waren es 36 % (543.000) und 2004 noch 17 % (392.000)[1]. Dies ist auf einen verstärkten Einsatz tierversuchsfreier Testmethoden zurückzuführen.

Positives Beispiel in diesem Zusammenhang ist der Fischtest. Proteste von Tierrechtlern veranlassten die Bundesregierung im Jahr 2004 dazu, im Abwasserabgabegesetz den dort vorgeschriebenen Fischtest durch einen Test mit Fischeiern zu ersetzen. Dieser ist dem Tierversuch in Genauigkeit sogar deutlich überlegen. Bislang mussten jedes Jahr 40.000 bis 50.000 Fische sterben, nur um die Gebühren für das Einleiten von Industrieabwässern in Flüsse zu ermitteln.

14. Warum lassen sich gesetzliche Änderungen nur so schwer durchsetzen?

Gesetze fallen nicht vom Himmel, sondern sind das Ergebnis knallharter Lobbyarbeit. Hinter dem Tierversuch stehen mächtige Interessen. Verbesserungen im Tierschutz werden von der Tierversuchslobby mit Einschnitten in ihrer Forschungsfreiheit gleichgesetzt. Entsprechend vehement ist ihr Widerstand. Der Druck dieser am Tierversuch interessierten Wirtschaftskreise und der universitären Forschungsmacht auf den Gesetzgeber hat strengere Vorschriften für Tierversuche oder gar ein gesetzliches Verbot bislang verhindern können. Gewisse Verbesserungen konnten nur gegen den erbitterten Widerstand der Tierversuchslobby erreicht werden. Als in den 80er Jahren das Tierschutzgesetz novelliert wurde und ein Verbot des Hunde- und Katzenhandels aus dubiosen Quellen sowie die Einrichtung von Ethikkommissionen bevorstand, prognostizierten die Interessengruppen der Forschung das Ende jeglichen medizinischen Fortschrittes. Während der zwölf Jahre intensiver Kampagnenarbeit, die der Verankerung des Tierschutzes im Grundgesetz vorausgingen, drohte die Forschung immer wieder mit Abzug ins Ausland und mit gravierenden Einbußen bei der medizinischen Versorgung der Bevölkerung, sollte der Tierschutz tatsächlich Verfassungsrang erhalten. Der medizinische Super-GAU, wie ihn die Experimentatoren gern an die Wand malen, ist trotz Umsetzung der genannten Verbesserungen ausgeblieben.

15. Hat sich die Lage der Versuchstiere durch die Aufnahme des Tierschutzes in das Grundgesetz gebessert?

Die Aufnahme des Tierschutzes in das Grundgesetz konnte nur erreicht werden, weil der überwiegende Teil der Bevölkerung hinter dieser Idee stand. Sie ist damit Ausdruck unseres Kulturbewusstseins und des hohen Stellenwertes, der dem Tierschutz in weiten Bevölkerungskreisen beigemessen wird.

Dank der Etablierung des Staatsziels Tierschutz im Jahr 2002 konnte im September 2003 erstmals ein Tierversuchsvorhaben durch die Behörden verhindert werden.

Das Regierungspräsidium (RP) Gießen hatte den Tierversuchsantrag eines an der Universität Marburg tätigen Tierexperimentators abgelehnt. In dem Versuch ging es um die Untersuchung der Nebenwirkung eines seit zehn Jahren zugelassenen Medikamentes. An Ratten sollte erforscht werden, warum menschliche Patienten bei Einnahme dieses Medikamentes an Gewicht zunehmen. Das RP verweigerte die Genehmigung, die Universität zog vor Gericht. Am Ende der gerichtlichen Auseinandersetzung urteilte das Verwaltungsgericht Gießen zugunsten der Genehmigungsbehörde und gestand ihr damit das Recht zu, beantragte Tierversuche wissenschaftlich überprüfen zu dürfen.

Was für den Außenstehenden haarsträubend erscheint, nämlich, dass erst ein Gericht bemüht werden muss, um etwas festzustellen, was eigentlich selbstverständlich sein sollte, war bis zur Aufnahme des Tierschutzes ins Grundgesetz gängige Praxis. Zwar mussten Tierversuche beantragt und genehmigt werden, doch konnte letztendlich keine Genehmigungsbehörde einen Tierversuch verbieten.

Anfang der 90er Jahre gingen einige Experimentatoren vor Gericht, nachdem Genehmigungsbehörden die Erlaubnis für einzelne Tierversuche versagt hatten. Die Gerichte urteilten damals, dass die Tierversuche zulässig seien, da die im Grundgesetz uneingeschränkt gewährleistete Wissenschaftsfreiheit (Art. 5 III GG) nicht durch das untergeordnete Tierschutzgesetz eingeschränkt werden könne.

Mit anderen Worten: Bislang wurde die im Grundgesetz festgeschriebene Wissenschafts- und Lehrfreiheit über das Tierschutzgesetz gestellt. Die zuständigen Behörden hatten im Falle eines Verstoßes gegen das Tierschutzgesetz keine Möglichkeit, im Rahmen ihrer Genehmigungstätigkeit einzugreifen. Das Tierschutzgesetz wurde damit zur Makulatur.

Für die Versuchstiere selbst hat sich zwar bisher kaum etwas geändert, dennoch ist die Aufnahme des Tierschutzes in die Verfassung ein Meilenstein. Der Freibrief der Experimentatoren zum Quälen und Töten von Tieren ist damit nicht mehr schrankenlos.

16. Was kosten Tierversuche, und wer finanziert sie?

Ungefragt und ob wir wollen oder nicht, subventionieren wir alle Tierversuche mit unseren Steuergeldern. Wie viele öffentliche Gelder von Bund, Ländern und EU tatsächlich in die tierexperimentelle Forschung fließen, weiß niemand genau. Statistiken darüber gibt es nicht. Ausgaben für einzelne Tierversuchsprojekte geben punktuell die Dimensionen wieder, um die es hier geht. Überall in Deutschland entstehen derzeit neue Tierversuchsanlagen – alle finanziert aus öffentlichen Mitteln. Einige Beispiele für die Baukosten neuer Tierlabors: Erlangen und Jena je 25 Millionen Euro, Mainz 29 Millionen Euro, Würzburg 31 Millionen Euro[12]. In diesen Summen sind noch nicht einmal die Unterhaltskosten enthalten. Der Deutschen Forschungsgemeinschaft (DGF), die in großem Maße Tierversuche im Hochschulbereich finanziert, stand im Jahr 2003 ein Etat von 1,26 Milliarden Euro aus der Staatskasse zur Verfügung. Demgegenüber muten die 2,8 Millionen Euro staatliche Unterstützung für die tierversuchsfreie Forschung wie ein Almosen an.

An den Tierversuchen der Pharmabranche sind wir über unsere Krankenkassenbeiträge beteiligt. Die deutsche Pharmaindustrie erzielte 2002 einen Umsatz von 23 Milliarden Euro. Die Forschungsausgaben beliefen sich in diesem Zeitraum auf etwa 4,1 Milliarden Euro[13]. Im Jahr 2002 gaben Privatpersonen und Versicherer in Deutschland rund 224 Milliarden Euro für die Behandlung von Krankheiten aus[14].

Durch die einseitige Ausrichtung der tierexperimentell orientierten Medizin, die an den Ursachen der heutigen Krankheiten vorbeiforscht, muss unsere Sozialgemeinschaft Jahr für Jahr ungeheure Summen aufbringen. Allein starkes Übergewicht als zentraler Risikofaktor für Zivilisationskrankheiten verursacht in Deutschland Folgekosten in Höhe von mehr als 10 Milliarden Euro pro Jahr. 71 Milliarden Euro werden in Deutschland jedes Jahr für die Behandlung ernährungsbedingter Erkrankungen ausgegeben[15], weitere 70 Milliarden für die Folgen des Rauchens[16]. Hinzu kommen die volkswirtschaftlichen Schäden, die aufgrund vermeidbarer Zivilisationskrankheiten und durch vorzeitiges Ausscheiden aus dem Arbeitsleben verursacht werden.

Etwa 50-70% der verschreibungspflichtigen Arzneimittel sind beim Patienten wirkungslos[17]. Viele Patienten nehmen die vom Arzt verschriebenen Medikamente nicht ein. Auch wirkungslose und nicht eingenommene Medikamente belasten die Krankenkassen. Die Nebenwirkungen vieler Arzneimittel müssen wiederum ärztlich behandelt werden, was die Kosten für das Gesundheitssystem erneut in die Höhe treibt. Anstatt die Ursachen vermeidbarer Krankheiten zu beseitigen, liegt der Schwerpunkt der modernen Medizin auf deren oft erfolgloser Behandlung.

Prof. Dr. Friedrich Schwartz von der Medizinischen Hochschule Hannover fordert verstärkt auf die Vorbeugung von Krankheiten zu setzen[18]. Er wirft den Krankenkassen vor, noch nicht einmal die Hälfte der gesetzlich erlaubten Summe in die Prävention zu investieren. Doch wirtschaftliche Interessen stehen dem Präventionsgedanken entgegen. 95 Prozent der gegenwärtigen Finanzmittel werden mit den Kranken verdient, nicht mit den Gesunden[18]. Doch die heutige Reparaturmedizin ist auf Dauer gar nicht finanzierbar. Enorme Summen könnten durch Prävention von Krankheiten eingespart werden.

17. Wie unterscheiden sich Mensch und Tier?

Zwischen Tier und Mensch bestehen vielfältige Unterschiede hinsichtlich Körperbau, Organfunktion, Stoffwechsel, Ernährung, Psyche und Lebensgewohnheiten. Aber auch die einzelnen Tierarten unterscheiden sich deutlich voneinander. Die Folge ist, dass Tiere verschiedener Arten auf Chemikalien und Medikamente unterschiedlich reagieren. Zum Beispiel vertragen Katzen Schmerzmittel viel schlechter als Hunde, weil ihre Leber sie nur langsam abbauen kann. Die übliche Dosierung eines Mittels gegen Hautpilz (Insol®) ist für Meerschweinchen doppelt so hoch wie für ein Pferd, obwohl dieses 500-mal mehr wiegt. Meerschweinchen dagegen sterben von geringen Mengen Penicillin. Katzen vertragen Penicillin sehr gut, sterben allerdings von einem bestimmten Flohmittel für Hunde (Exspot®). Andere Flohmittel vertragen Hunde und Katzen gleich gut, Kaninchen jedoch nicht (Frontline®).

Nicht anders ist das bei Tier und Mensch. Was für den Menschen schädlich ist, kann für ein Tier harmlos sein oder umgekehrt. Die Ergebnisse von Tierversuchen sind deshalb nicht mit der hinreichend nötigen Zuverlässigkeit auf den Menschen übertragbar. Erst im Nachhinein, nachdem eine Substanz am Menschen getestet wurde, kann eine Aussage darüber getroffen werden, ob das Tier in gleicher oder entgegengesetzter Weise reagiert wie der Mensch.

Kein Tierversuch kann den Menschen vor den Wirkungen schädlicher Stoffe ausreichend schützen. Der Tierversuch täuscht eine Sicherheit vor, die es letztlich nicht gibt. Da die meisten Krankheitsbilder des Menschen beim Versuchstier nicht spontan und auf natürlichem Wege auftreten, müssen sie künstlich, also durch schädigende Chemikalien, durch einen operativen Eingriff, durch Bestrahlung oder Manipulation des Erbgutes erzeugt werden. Die so beim Versuchstier hervorgerufenen Symptome haben aber kaum etwas mit der menschlichen Erkrankung zu tun, die vor allem auch psychische, soziale, ernährungs- und umweltbedingte Ursachen hat. Die vielfältigen Bedingungen, die zur Entstehung einer Krankheit beim Menschen führen, können im Tierversuch nicht nachgeahmt werden.

18. Wie wird versucht, Krankheiten des Menschen im »Tiermodell« nachzuahmen?

Schon gesunde Tiere und Menschen unterscheiden sich stark voneinander. Da die meisten Erkrankungen des Menschen beim Versuchstier spontan nicht vorkommen, werden sie künstlich erzeugt. Um Rheuma zu simulieren, werden Ratten Chemikalien oder Bakterien in ein Gelenk gespritzt, wodurch es zu einer Entzündung kommt. Epilepsie löst man durch Chemikalien oder Stromstöße im Gehirn aus. Durch Einbringen eines Fadens in eine Hirnarterie wird ein Schlaganfall bei Ratten hervorgerufen. Krebs wird durch Injektion von Krebszellen in Mäuse produziert. Den Tieren wurde aber zuvor eine Schwächung des körpereigenen Abwehrsystems angezüchtet, damit sie die fremden Zellen nicht abstoßen. Eine andere Möglichkeit der Krebserzeugung besteht in der Manipulation des Erbgutes. Diese »Krebsmäuse« bekommen »automatisch« Krebs. Bei anderen Tieren wurde eine Neigung zu Diabetes, Fettleibigkeit oder Bluthochdruck im Erbgut festgelegt.

Besonderen Wert legen die Experimentatoren auf die Standardisierung ihrer »Tiermodelle«. Alles soll möglichst gleich ablaufen, damit die Versuche reproduzierbar (wiederholbar) sind. Diese künstlich erzeugten Bedingungen unterscheiden sich allerdings vollkommen von dem normalen Umfeld des menschlichen Patienten. Menschen werden lebenslang mit einer Unzahl verschiedenster Einflüsse konfrontiert, die sich häufig gegenseitig beeinflussen. Ernährung, Lebensgewohnheiten, Verwendung von Suchtmitteln, schädliche Umwelteinflüsse, Stress, psychische und soziale Faktoren spielen bei der Entstehung von Krankheiten und deren Heilung eine ausschlaggebende Rolle. Diesem Umstand wird im Tierversuch keinerlei Rechnung getragen.

Einige Forscher bemerken inzwischen selbst, dass sie sich auf dem Irrweg befinden. So führen israelische Wissenschaftler das Auftreten von Nebenwirkungen und das Versagen von Arzneimitteln beim Menschen auf Tierversuche mit Inzuchtmäusen zurück: »Diese Tiere haben ein einheitliches Erbmaterial, was den Vorteil bietet, dass die Versuche gut reproduzierbar sind. Dass die Patientenpopulationen aber genetisch recht unterschiedlich sind, bleibt unberücksichtigt.«[19]

19. Warum sollten Tierversuche nicht zulässig sein, sie nützen doch dem Menschen!

In den Medien tauchen immer wieder Berichte auf, denen zufolge ein Durchbruch bei der Bekämpfung einzelner Krankheiten kurz bevorstünde. Die vollmundigen Versprechungen lassen uns glauben, Tierversuche seien nützlich und notwendig. Doch so einfach ist das nicht. Zunächst muss man sich darüber klar werden, dass der überwiegende Teil der Tierversuchsergebnisse überhaupt nicht veröffentlicht wird und in der Schublade verschwindet. Die »positiven« Resultate aber werden aufgebauscht und in den Medien als Triumph der tierexperimentellen Forschung gepriesen. In der Öffentlichkeit sieht es dann so aus, als gäbe es nur gelungene Tierexperimente. Positiv bedeutet jedoch nicht, dass sich aus einem Ergebnis irgendein Nutzen für den Menschen ableiten ließe. Allein die künstliche Erzeugung eines bestimmten Symptoms einer menschlichen Erkrankung im »Tiermodell« wird schon als großer Erfolg gefeiert. Beispielhaft sei hier der Jubel über die »Krebsmaus« genannt. Ob das krebskranke Tier jemals zu einer wirksamen Therapie für Menschen beitragen wird, interessiert dabei nicht. Diese Vorgehensweise sichert den Forschern die Finanzierung und Rechtfertigung weiterer Tierversuche, schließlich müsse man weiterforschen, um den angekündigten Durchbruch zu erzielen.

Wissenschaftliche Studien bestätigen den mangelnden Nutzen von Tierversuchen. In einer Untersuchung wurde festgestellt, dass nur bei einem kleinen Teil der durchgeführten Tierversuche das angestrebte Ziel erreicht wurde. Als Ziel galt dabei schon die Erzeugung eines bestimmten Symptoms, z. B. Entzündung der Rattenpfote. Neue Therapien ließen sich daraus überhaupt nicht ableiten. Erkenntnisgewinne aus Tierversuchen sind zudem nicht mehr als Zufallstreffer[20].

Eine andere Studie geht der Frage der klinischen Verwertbarkeit von Tierversuchen nach. Die eingehende Analyse britischer Wissenschaftler zeigt zahlreiche Mängel im tierexperimentellen System auf. So unterscheiden sich die Ergebnisse von gleichermaßen an Tieren und Menschen durchgeführten Studien oft ganz erheblich voneinander. Die ungenauen Ergebnisse aus Tierversuchen können Patienten gefährden und sind zudem eine Verschwendung von Forschungsgeldern. Die Autoren der genannten Studie fordern eine rigorose Überprüfung, ob Tierversuche überhaupt einen nachweisbaren Nutzen bringen, bevor man weitere Experimente durchführt[21].

Um zu der Frage zurückzukommen: Ja, Tierversuche haben tatsächlich einen Nutzen, nämlich für diejenigen, die davon profitieren: Experimentatoren, Forschungsinstitute, Pharmaindustrie, Tierhändler usw. Für Patienten und Verbraucher sind sie jedoch nicht nur nicht nützlich, sondern sogar gefährlich.

20. Können die Ergebnisse von Tierversuchen auf den Menschen übertragen werden?

Das Problem der Übertragbarkeit ist einer der Hauptstreitpunkte zwischen Befürwortern und Gegnern von Tierversuchen. Zunächst muss hier zwischen Wirkung und Wirksamkeit eines Medikaments unterschieden werden. Chemische Substanzen können bei Mensch und Tier vergleichbare Wirkungen (z. B. Bewusstlosigkeit, Funktionsstörungen von Organen, Herzstillstand, Lähmung, Tod etc.) hervorrufen. Andere Chemikalien rufen aber bei Mensch und Tier völlig unterschiedliche Wirkungen hervor. Beispielsweise ist Arsen für Schafe gut verträglich, Penicillin dagegen schädlich für Meerschweinchen. Methylalkohol ist für die meisten Labortiere kein Problem, Menschen werden blind davon; Phenobarbital führt bei Ratten und Mäusen zu Leberkrebs, beim Menschen nicht; Thalidomid ist bei den meisten Säugetieren in der Schwangerschaft harmlos, beim Menschen führt es zu schweren Missbildungen. Bei Cortison ist es umgekehrt, es verursacht bei Mäusen Missbildungen, bei Menschen nicht.

> Der Grund, warum ich gegen Tierversuche bin, ist, dass sie nicht funktionieren, sie haben keinen wissenschaftlichen Wert. Man kann die Resultate von Forschungen an Tieren nicht auf den Menschen extrapolieren, und jeder gute Wissenschaftler weiß das. Da Tierversuche wertlos sind und zur Quacksalberei in der Medizin führen und ich gegen Quacksalberei sein muss, so bin ich gegen Tierversuche, und zwar als Wissenschaftler.
>
> *Prof. Dr. Robert S. Mendelsohn, Professor für Präventivmedizin, Universität von Illinois (Chicago), 1986*

Es kann also nie mit Sicherheit vorausgesagt werden, ob eine Wirkung, die beim Tier entdeckt wird, auch beim Menschen auftritt und umgekehrt. Es gibt keine objektive Sicherheit, mit der aus Tierversuchen das Auftreten oder Nicht-Auftreten einer Wirkung beim Menschen vorausgesagt werden kann. Das bedeutet, es hängt von der persönlichen Überzeugung und vom Glauben des Wissenschaftlers ab, ob tierexperimentelle Ergebnisse als auf den Menschen übertragbar angesehen werden oder nicht. Aber was hat das noch mit Wissenschaft zu tun?

Bezüglich der Wirksamkeit eines Arzneimittels ist der Unterschied zwischen Mensch und Tier noch weit größer als bei der Wirkung. Die Wirksamkeit eines Medikaments bezieht sich auf die Heilung oder Linderung von Krankheiten. Diese wird durch ein Zusammenspiel vieler körperlicher, psychosomatischer, genetischer, umwelt- und ernährungsbedingter, sozialer und anderer Einflüsse verursacht. Damit ist ausgeschlossen, die Wirksamkeit eines Arzneimittels durch Tierversuche auch nur annäherungsweise abschätzen zu können.

Außerdem kann kein Tier Auskunft darüber geben, ob ihm schlecht oder schwindelig ist, ob es Kopfschmerzen, Albträume, Konzentrationsstörungen oder Angstzustände hat. Es kann nicht sagen, ob und wo ihm etwas weh tut. Tiere zeigen im Gegensatz zum Menschen erst bei viel größeren Schmerzen für uns sichtbare Reaktionen. Weiter bewirken Angst und Stress beim Tier im Versuch eine individuelle Ausschüttung von Stresshormonen, welche ihrerseits das Versuchsergebnis wesentlich beeinflussen können.

Wegen der mangelnden Übertragbarkeit kann es durchaus passieren, dass die Entwicklung eines viel versprechenden Medikaments wegen Nebenwirkungsproblemen am Tier abgebrochen wird, obwohl es für Menschen gut verträglich wäre. Umgekehrt treten beim Menschen immer wieder unerwünschte Wirkungen von Arzneimitteln auf, die zuvor im Tierversuch nicht beobachtet wurden. Vier von fünf potenziellen Medikamenten, die es durch den Tierversuch geschafft haben, versagen in Studien mit Menschen.[22]

21. Solange es noch keine Alternativen gibt, müssen doch Tierversuche durchgeführt werden!

Die Argumentation der Experimentatoren »Wir machen Tierversuche, weil es keine Alternativen gibt« ist nicht schlüssig. Das ist genau so, als wenn jemand, der in einen Laden geht, um eine Bratpfanne zu kaufen, stattdessen eine Kaffeemaschine erwirbt, weil Bratpfannen gerade nicht auf Lager sind. Jedem wird einleuchten, dass der Kauf der Kaffeemaschine unsinnig ist, weil man damit den Zweck einer Bratpfanne nicht erfüllen kann. Tierversuche werden trotzdem gemacht, auch wenn ihr Zweck – Behandlung und Heilung von menschlichen Erkrankungen sowie Schutz von Mensch, Tier und Umwelt vor schädlichen Substanzen – mit dieser Methode nicht erfüllt werden kann. Solch ein Vorgehen ist unlogisch.

Wenn eine tierversuchsfreie Methode zu einem bestimmten Tierversuch vorhanden ist, muss sie laut Tierschutzgesetz angewandt werden – die Durchführung des Tierversuchs ist in diesem Fall verboten. Gibt es noch keine tierversuchsfreie Methode, muss danach gesucht werden oder ggf. müssen andere Forschungsansätze (Epidemiologie, klinische Studien, Prävention usw.) eingesetzt werden. In jedem Fall ist die Durchführung eines Tierversuchs weder ethisch noch wissenschaftlich zu rechtfertigen.

22. Viele Tierschutzgruppen verlangen das Verbot aller Tierversuche. Wäre es nicht sinnvoller, vorerst nur eine Reduzierung zu fordern?

Die Forderung nach einem Verbot von »überflüssigen« Tierversuchen führt nicht weiter, weil kein Wissenschaftler oder Forscher zugeben würde, überflüssige Experimente zu machen. Es gibt für jeden noch so realitätsfernen Tierversuch die Begründung, er diene schließlich der Grundlagenforschung. Bei der Grundlagenforschung geht es um die Erweiterung des allgemeinen Wissens, das dann wieder Grundlage für weitere Forschung sein könnte. Mit der Behauptung, die Ergebnisse wären wieder ein Mosaikstein im Puzzle unseres Basiswissens, lässt sich letztlich jeder Tierversuch von den Experimentatoren rechtfertigen. Die Forderung nach einer bloßen Einschränkung der Tierversuche lehnen wir ab, da Tierexperimente prinzipiell kein geeignetes Mittel des Erkenntnisgewinns und darüber hinaus generell moralisch verwerflich sind.

23. Warum finde ich in diesem Buch keine Argumente für Tierversuche, damit ich mir ein objektives Bild machen kann?

Tierversuche und Propagandaaktionen für Tierversuche werden vielfach auf Kosten des Steuerzahlers durchgeführt. Selbst Tierversuchsgegner finanzieren dies über ihre Steuern ungewollt mit. Durch die staatliche und industrielle Unterstützung stehen den Tierexperimentatoren beträchtliche finanzielle, politische und medienwirksame Mittel zur Verfügung. Ihr Einfluss auf den Gesetzgeber ist enorm. Ethische und wissenschaftskritische Argumente der Tierversuchsgegner haben gegen diese übermächtige Lobby einen schweren Stand. Daher bieten wir der Befürworterseite in diesem Buch bewusst kein Forum.

24. Kann man Experimentatoren durch fundierte Argumentation nicht davon überzeugen, dass Tierversuche unnötig sind?

Wissenschaftler, die selbst Tierversuche durchführen, sind Argumenten zur Abschaffung von Tierversuchen in der Regel nicht zugänglich und empfinden Tierversuchsgegner-Organisationen sogar als existenziell bedrohlich. Das liegt in der Natur der Sache. Auch Schlachter lassen sich nicht von wissenschaftlichen Studien überzeugen, die belegen, dass vegetarische Ernährung das Risiko von Darmkrebs und Herzkrankheiten senkt. Es geht hier um viel Geld, um Arbeitsplätze, enorme staatliche Förderung, Stiftungsgelder usw. Wer selbst Nutznießer dieser Vorteile ist, der trennt sich nicht freiwillig davon.

Viele Experimentatoren haben sich nie für etwas anderes als Tierversuche interessiert und beherrschen deshalb auch keine andere Forschungsmethode. Der Mensch neigt nun einmal dazu, alte Gewohnheiten beizubehalten. Um sich von Tierversuchen abzuwenden, müsste ein Wissenschaftler zugeben, dass er auf dem falschen Weg war. Er müsste sich der Kritik seiner Kollegen aussetzen, die am Tierversuch festhalten wollen. Dies fällt Experimentatoren schwer, zumal die ganze heutige medizinische Wissenschaft auf Tierversuchen aufgebaut ist und eine mächtige Zulieferindustrie existiert, die ihrerseits großen wirtschaftlichen und politischen Einfluss besitzt. Einfacher, als etwas zu ändern, ist es deshalb zu behaupten, ohne Tierversuche müssten wir an schrecklichen Krankheiten sterben. Im nächsten Atemzug werden dann die Tierversuche als einzige Rettung dargestellt, und Menschen, die Angst haben, glauben gerne an einfache Lösungen.

25. Kann ich mir einmal einen Tierversuch ansehen?

Nein, bei Tierexperimenten darf niemand zusehen, obwohl sie größtenteils durch unsere Steuergelder finanziert werden. Tierversuche finden hinter hermetisch abgeriegelten Türen statt. Als Gründe werden Firmengeheimnisse genannt oder der Schutz der Labortiere. Besucher könnten Krankheitserreger einschleppen oder die Tiere erschrecken. Mitunter wird bestimmten Personengruppen, z. B. Schulklassen oder auch Journalisten, Einlass gewährt. Solche Führungen werden gern zur Gehirnwäsche der Besucher genutzt. Was ihnen präsentiert wird, entspricht denn auch in keiner Weise der Realität. Allenfalls bekommen sie einige fröhlich umherwuselnde Mäuse oder an Bananen knabbernde Äffchen zu sehen. Bei einem Tierversuch darf jedoch niemand zuschauen. Zu groß ist die Angst der Experimentatoren, die Besucher würden anschließend zu Tierversuchsgegnern werden.

Das Leid der Versuchstiere öffentlich zu machen, ist eine der Hauptaufgaben der Tierversuchsgegner-Organisationen. Ein Teil der Informationen kommt dabei ungewollt von den Experimentatoren selbst. Diese veröffentlichen nämlich Studien mit Details und

Ergebnissen ihrer Versuche in wissenschaftlichen Fachzeitschriften. Die Internet-Datenbank[22] der Ärzte gegen Tierversuche e.V. und der Menschen für Tierrechte – Bundesverband der Tierversuchsgegner e.V. (www.datenbank-tierversuche.de) dokumentiert Tausende von Versuchsbeschreibungen aus solchen Fachpublikationen.

Außerdem gewähren Augenzeugenberichte von Aussteigern und heimlich mit versteckter Kamera gemachte Foto- und Filmaufnahmen Einblicke in die Realität des Tierversuchs. Viele Versuche werden jedoch nie bekannt, denn ihre Genehmigung wird unter Ausschluss der Öffentlichkeit vorgenommen, und misslungene Versuche veröffentlicht natürlich auch niemand.

26. Waren nicht alle Nobelpreisträger für Medizin und Physiologie tierexperimentell tätig?

Das mag stimmen, doch spricht diese Tatsache nicht für Tierversuche. Niemand kann sagen, ob die nobelpreiswürdigen Entdeckungen nicht auch ohne Tierversuche hätten gefunden werden können. Es ist lediglich ein Zeichen dafür, wie stark sich die Methode Tierversuch trotz ihrer erwiesenen Wertlosigkeit in den biomedizinischen Wissenschaften verankert hat. Für diese Wissenschaftswelt, die sich Ende des 19. Jahrhunderts entwickelte und bis heute fortbesteht, ist der Tierversuch Prüfstein jeglicher medizinischer Erkenntnis. Forschung ohne Tierversuche gilt als unwissenschaftlich. So ist es zu erklären, dass fast ausschließlich tierexperimentelle Arbeiten eines Nobelpreises für würdig befunden wurden (siehe auch Frage 28 und 29).

27. Würden die Experimentatoren bei einem Tierversuchsverbot bei uns nicht einfach ins Ausland gehen, wo die Bedingungen für die Tiere noch schlechter sind?

Die Abwanderung ins Ausland und das Ende des Forschungsstandortes Deutschland ist eine beliebte Drohung der Forschungszunft, sobald auch nur geringste Tierschutzverbesserungen auf der politischen Agenda stehen. Mit einer solchen Einschüchterungstaktik wird versucht, jeglichen Fortschritt auf Tierschutzebene im Keim zu ersticken. Würde man dieser Argumentation folgen, wären heute wohl auch noch Kinderarbeit und Sklaverei in Deutschland erlaubt. Experimentatoren, die solche Drohungen äußern, schrecken anscheinend nicht davor zurück, deutsches Gesetz zu brechen, sobald sie sich im Ausland befinden. Man muss sich hier die Frage stellen, ob der Forschungsstandort Deutschland Forscher braucht, die offensichtlich bereit sind, demokratisch erlangte Rechtsvorschriften zu ignorieren.

28. Warum werden Tierversuche überhaupt gemacht?

Obwohl sich der Tierversuch in der Vergangenheit immer wieder als irreführend und wertlos erwiesen hat, wurde er zum Dogma der biomedizinischen Wissenschaft des 20. Jahrhunderts (siehe auch Frage 29). Schon im Studium müssen angehende Mediziner und Biologen an Organen eigens zu diesem Zweck getöteter Tiere experimentieren und werden so in eine Wissenschaftswelt eingeweiht, in der der Tierversuch integraler Bestandteil der Lehrmeinung ist. Wer sich in dieser Welt profilieren will, muss eine seitenlange Liste von Veröffentlichungen in renommierten Fachzeitschriften aufweisen. Und jeder neue Artikel zieht weitere Tierversuche nach sich. Auch die bevorzugte finanzielle Förderung tierexperimenteller Forschungsvorhaben durch Bund, Länder und verschiedene Einrichtungen, wie der Deutschen Forschungsgemeinschaft, sind eine Triebfeder zur Durchführung immer neuer Tierversuche. Viele Publikationen sowie die vage Hoffnung auf einen Durchbruch im Kampf gegen Krankheiten, und sei sie auch noch so realitätsfern, lassen fast unerschöpfliche Geldquellen sprudeln. Tierversuchsfreie Methoden werden hingegen nur mangelhaft gefördert.

Bei der Industrie wird aus anderen Gründen am Tierversuch festgehalten. Bei den Konsumenten soll ein Gefühl der Sicherheit und des Vertrauens in neue chemische und pharmazeutische Produkte geweckt werden. Tierversuche erfüllen somit eine Alibi-Funktion: Sie spiegeln eine Unbedenklichkeit von Produkten vor, die in Wahrheit nicht gegeben ist. Tierversuche dienen außerdem der rechtlichen Absicherung der Hersteller, falls es bei einem ihrer Produkte zu schädlichen Nebenwirkungen beim Menschen kommt. Das Prinzip Tierversuch hat auch Eingang in unzählige Gesetze gefunden, die vorgeblich Mensch und Umwelt vor schädigenden Einflüssen schützen sollen. Erst einmal im Gesetz festgeschrieben, ist der Tierversuch nur schwer wieder zu entfernen. So werden neue tierversuchsfreie Verfahren nur nach umfangreichen Tests (»Validierung«) behördlich anerkannt und wenn ihre Ergebnisse mit denen des entsprechenden Tierversuchs übereinstimmen. Das Problem dabei ist, dass der Tierversuch selbst nie validiert wurde. Die Qualität neuer, sinnvoller Testsysteme wird also an einer schlechten, veralteten Methode gemessen.

Experimentatoren, Universitäten, Pharma- und chemische Industrie, Auftragslabors, Versuchstierhändler, Firmen, die Bändigungsapparate und anderes Zubehör herstellen – ein weit verzweigtes Netz einer mächtigen Industrie profitiert vom Tierversuch. Politik und Medien sind durchzogen von diesem Netz. Beispielsweise beteiligt sich das Bundesministerium für Bildung und Forschung an einem Propagandabuch der Chemieindustrie für Schüler, in welchem Tierversuche verharmlosend dargestellt werden. Und viele Medien berichten nicht kritisch über Tierversuche, weil sie von den Anzeigenschaltungen der Industrie abhängig sind. Die Tierversuchs-Maschinerie hat eine Eigendynamik entwickelt; sie ist wie ein gigantisches Perpetuum mobile, das sich selbst erhält und, erst einmal in Gang gesetzt, nur schwer zu stoppen ist.

29. Wie konnte sich der Tierversuch so in der Wissenschaft etablieren?

Die ersten belegten Tierversuche gehen auf den griechischen Arzt Alkmaion von Kroton im 5. vorchristlichen Jahrhundert zurück. Er war aber zu dieser Zeit eher ein Ausnahmefall, denn die altgriechische Wissenschaft stützte sich damals auf sorgsame klinische Beobachtung kranker Menschen und persönliche Erfahrungen von Ärzten.

Als Vater der Vivisektion (wörtlich: lebend aufschneiden) gilt Galen von Pergamon (130 – 201). Er studierte die Anatomie und Physiologie an lebenden, aufgeschnittenen Tieren, meist Affen und Schweinen, und übertrug seine Erkenntnisse vorbehaltlos auf den Menschen. Seine Lehren wurden jahrhundertelang weitergegeben und wirkten sich in der Medizin bis ins späte Mittelalter katastrophal aus. So war er der Überzeugung, dass Frauen zwei Gebärmütter hätten, eine für Jungen, eine für Mädchen. Urin werde direkt aus der Hohlvene abgesondert, das Blut fließe durch unsichtbare Poren von der rechten Herzkammer in die linke. Eiter sei gut für den Heilungsprozess und Obst schädlich.

Neben den Irrlehren Galens verhinderte im Mittelalter das kirchliche Verbot der Öffnung von Leichen einen medizinischen Fortschritt. Statt die Anatomie Verstorbener zu studieren, bediente man sich lebender Tiere. Zum Wegbereiter grausamster Tierversuche in der Folgezeit wurde die Lehre des französischen Philosophen René Descartes (1596 – 1650), der aus seinem Leitsatz »Cogito ergo sum – ich denke also bin ich« folgerte, dass Tiere vernunftlose und gefühllose Reflexautomaten seien. Schmerzensschreie von Tieren erklärte er mit mechanischen Abläufen wie dem Quietschen einer Maschine.

Dass der Tierversuch heute als unumstößlicher Bestandteil der Wissenschaft gilt, ist maßgeblich auf den französischen Physiologen Claude Bernard (1813 – 1878) zurückzuführen. Er übertrug die Forschungsmethoden der Chemie und Physik auf die Physiologie (Lehre von den Körperfunktionen). Seiner Vorstellung nach unterlagen auch die biologischen Funktionen starren Gesetzmäßigkeiten. Unterschiede zwischen den Tierarten und dem Menschen konnte es deswegen nicht geben. Aus dem gleichen Grund lehnte er auch Fallstudien und klinische Untersuchungen am Krankenbett ab, weil diese experimentell nicht nachvollziehbar waren. Das Tierexperiment wurde zum Prüfstein jeglicher medizinischer Erkenntnis. Sein Eifer und die schiere Masse an Daten, ob korrekt oder nicht, die er aus den lebend sezierten Tieren herauspresste, fanden viele Anhänger. Schon bald wurden Geldquellen erschlossen und neue Wirtschaftszweige, die die Experimentatoren mit Tieren und Folterinstrumenten versorgten, florierten. Zwar gab es auch damals schon Kritiker, doch diese hatten angesichts der aufkeimenden Tierversuchsindustrie wenig Einfluss.

Die Bernard'sche Lehre setzt sich bis heute in einem wissenschaftlichen Weltbild fort, das nur Erkenntnisse akzeptiert, die analytisch nachvollziehbar sowie mess- und reproduzierbar sind. Im Rahmen dieses Wissenschaftssystems werden Krankheiten zu technischen Defekten und Tiere zu Messinstrumenten. Ein Ausstieg aus diesen alten Denkmustern ist mehr als überfällig.

Tierversuche und Ethik

30. Welche ethischen Gründe sprechen gegen Tierversuche?

Tiere können fühlen, Freude und Angst empfinden, Schmerz und Qualen erleiden wie wir. Quälen und Töten von Tieren müssen daher genauso als moralisch unzulässig angesehen werden wie das eines Menschen. Tieren muss ein grundlegendes Recht auf Schutz vor Willkür und Gewalt durch den Menschen eingeräumt werden. Tieren Rechte zuzugestehen, bedeutet jedoch nicht eine Verpflichtung zur Gleichbehandlung von Mensch und Tier in jeder Beziehung. So haben beispielsweise das Recht auf freie Berufswahl oder Religionsausübung für Tiere keine Bedeutung. Tiere haben ihre eigenen Bedürfnisse, die bei der Anerkennung ihrer Rechte zu berücksichtigen sind. Für sie steht das Recht auf Leben in Unversehrtheit und Freiheit an erster Stelle.

Im Tierversuch werden die Tiere nicht nur ihrer Freiheit und ihres Lebens beraubt, sie werden zu Messinstrumenten degradiert, die nach Gebrauch weggeworfen werden. Doch zu glauben, man könne Gesundheit und Wohl des Menschen auf dem Rücken Milliarden geschundener Tiere aufbauen, ist widersinnig. Tierversuche und eine ethisch vertretbare Medizin und Wissenschaft schließen sich aus. Aber selbst bei einem potenziellen Nutzen für den Menschen dürften Tierversuche nicht zulässig sein. Eine moralisch verwerfliche Methode wird nicht dadurch akzeptabel, dass mit ihr ein hehres Ziel verfolgt wird. Mit der gleichen Begründung müssten sonst auch schmerzhafte oder tödlich endende Versuche an Menschen zulässig sein. Tatsächlich müssen Achtung und Ehrfurcht vor dem Leben das höchste Gebot menschlichen und insbesondere auch ärztlichen und wissenschaftlichen Handelns sein.

31. Werden Tiere für derartige Versuche benutzt, weil sie unempfindlicher sind als Menschen?

Schmerz hat beim Tier die gleiche Funktion wie beim Menschen, nämlich zu warnen und eine rasche Reaktion auf eine Gefahr hervorzurufen. Beispiele aus der Freilandforschung und Verhaltensbeobachtung zeigen, dass Schmerz und Todesangst zumindest bei allen Wirbeltieren vorhanden sind. Biologische Merkmale der Schmerzempfindung sind auch bei vielen Wirbellosen bekannt. Zudem haben Affen (Primaten), Wale und Delphine höchstwahrscheinlich ein dem Menschen recht ähnliches Bewusstsein. Bei manchen anderen Tieren sind zumindest einfache Formen von Bewusstsein vorhanden. Vielleicht sind Experimente für das Tier gerade deshalb besonders quälend, weil es die Zusammenhänge nicht begreift wie der Mensch, sondern bei jeder Bedrohung instinktiv Todesangst empfindet.

32. Können Tiere außer körperlichen Schmerz überhaupt Leiden empfinden?

Jeder, der einmal gesehen hat, wie ein Hund leidet, wenn sein Herrchen verreist oder gar gestorben ist, jeder, der einmal beobachtet hat, wie ein Muttertier leidet, dem die Jungen weggenommen wurden, jeder, der die angstvoll aufgerissenen Augen einer Kuh im Schlachthof gesehen hat oder das sich mit aller Kraft verzweifelt wehrende Äffchen in der Hand des Experimentators, wird diese Frage mit einem klaren Ja beantworten. Der Begriff Leiden umfasst dabei nicht nur Schmerzen, sondern auch Angst, Stress, Schreckzustände, Panik, starke Aufregung und Erschöpfung, Trauer, Unwohlsein, Hunger- und Durstqualen. Von Seiten der Verhaltensforschung bestehen heute keine Zweifel mehr, dass zumindest Wirbeltiere ähnlich leidensfähig sind wie der Mensch.

33. Und was ist mit Insekten und anderen Wirbellosen? Wo soll man die Grenze ziehen?

Normalerweise wird die Grenze zwischen Mensch und Tier gezogen. Doch mit welcher Berechtigung wird sie gerade hier gezogen? Gibt es überhaupt eine Grenze? Oder erstreckt sich unsere Verpflichtung anderen Lebewesen gegenüber auf alle fühlenden Lebensformen? Die biologischen Voraussetzungen für Schmerzempfindung sind bei vielen wirbellosen Tieren vorhanden. Besonders ist dies bei Kopffüßlern und Krebsen bekannt. Dem besonderen Status dieser Tiere wird sogar im deutschen Tierschutzgesetz Rechnung getragen.

So müssen Versuche an Tintenfischen und Kraken, Hummern und Krabben – im Unterschied zu allen anderen Wirbellosen – den Behörden angezeigt werden. Über die Schmerzempfindungsfähigkeit vieler wirbelloser Tiere wissen wir heute noch zu wenig. Für diese muss das Prinzip »Im Zweifel für den Angeklagten« gelten. Absichtlicher Missbrauch solcher Lebewesen ist auch hier moralisch nicht zu akzeptieren.

34. Warum regen wir uns über 2 Millionen Versuchstiere auf, während jedes Jahr allein in Deutschland über 500 Millionen Tiere (Fische nicht mitgerechnet) zur Fleischproduktion getötet und Billiarden Tiere als Schädlinge vernichtet werden?

Ein Unrecht kann nicht mit einem anderen aufgewogen werden. Die Tatsache, dass andere Tiere für welche Zwecke auch immer Jahr für Jahr, Tag für Tag leiden und getötet werden, kann keine Rechtfertigung für Leid und Tod weiterer Tiere sein. Auch mit der reinen Quantität der für Nahrungszwecke oder zur »Schädlingsbekämpfung« getöteten Tiere gegenüber den Versuchstieren zu argumentieren, ist vom ethischen Standpunkt aus betrachtet unlogisch, da es für das einzelne Tier keine Rolle spielt, ob es sein Schicksal noch mit zwei oder 500 Millionen anderen Tieren teilt. Im Übrigen engagieren sich Tierschützer und Tierrechtler eben auch gegen die Ausbeutung von Tieren in diesen Bereichen (Massentierhaltung, Zirkus, Zoo u.a.).

35. Wenn Tierversuche moralisch nicht akzeptabel wären, müssten sie doch verboten sein.

Gesetzlich erlaubt bedeutet nicht automatisch auch moralisch gerechtfertigt. Auch Kinderarbeit, Sklaverei und die Unterdrückung von Frauen waren in der westlichen Welt einst legal. Die Gesetzgebung ändert sich laufend, hinkt aber den ethischen Vorstellungen der Mehrheit der Bevölkerung oft hoffnungslos hinterher. Grund dafür sind im Bereich Tierrechte die mächtigen Interessen der Tierausbeutungsindustrie, die einen erheblichen Einfluss auf die Gesetzgebung hat.

36. Gibt es nicht – angesichts des großen Elends auf der Welt – wichtigere Themen als Tierversuche?

Tierschutz ist ein Teil des allgemeinen Lebensschutzes, der sich gegen jede Art von Grausamkeit und Unterdrückung, ob gegen Minderheiten, Frauen, Kinder oder Tiere, wendet. Tierrechtler appellieren an das ethische Verantwortungsgefühl des Menschen gegenüber allen seinen Mitlebewesen. Die Art der Brutalität ist im Prinzip immer die gleiche: Wer seine Mitmenschen ausbeutet, beutet genauso die Natur und die Tiere aus und umgekehrt! Von Menschen begangenes Unrecht hat viele Gesichter, und jeder, der dagegen ankämpft, nimmt eine wichtige Position ein. Was würde es denn nützen, wenn die wenigen, die sich überhaupt für etwas einsetzen, zum Beispiel alle im Kinderschutz tätig wären, ohne dabei in der Lage zu sein, diesen Kindern eine Welt zu hinterlassen, die für sie lebenswert ist? Der Mensch hat auf dieser Welt nur eine Überlebenschance, wenn es ihm gelingt, mit der Natur Frieden zu schließen. Tierversuche tragen nicht zum Frieden mit der Natur bei, sie sind im Sinne des Faustrechts eine brutale Kriegserklärung an die Natur.

37. Hat der Mensch nicht das Recht, ihm unterlegene Lebewesen für seine Zwecke zu benutzen?

Oft wird in populärwissenschaftlichen Schriften die Evolution so dargestellt, dass wir uns aus anderen Tieren entwickelt haben, dass wir zum Beispiel von den Affen abstammen. Diese Sichtweise führt dazu, den Menschen an die Spitze einer Art natürlicher Hierarchie zu setzen. Und damit wiederum wird der Mensch zur »Krone der Schöpfung«, zu dem Wesen, das alle anderen unterordnen und ausnutzen kann.

Diese hierarchische Vorstellung durchzieht unsere gesamte Kultur, obwohl sie auf einer falschen Annahme beruht. Sicher haben Menschen und Tiere gemeinsame Vorfahren, aber es ist nicht so, dass sich eine Linie von den einfachsten Einzellern bis zum Menschen zieht und der Mensch damit zum höchstentwickelten aller Lebewesen wird. Vielmehr muss man sich die Evolution als eine Art Baum vorstellen, von dem Äste abzweigen. Der Ast der Fische zweigte vor circa 400 Millionen Jahren ab, der der Vorgänger der Reptilien vor 280 Millionen Jahren. Vor 35 Millionen Jahren zweigte der Ast der heute lebenden Primaten ab, und vor vier Millionen Jahren trennten sich die Wege von Mensch und Schimpanse. Diese verschiedenen Entwicklungszweige haben zu einer enormen Artenvielfalt und zu erheblichen Unterschieden zwischen den einzelnen Arten geführt. Der Mensch ist damit nicht höher oder niedriger als andere Lebewesen, sondern einfach nur einer der Zweige des Evolutions-Baumes.

Der Mensch ist damit eben nicht die »Krone der Schöpfung«, die er vorgibt zu sein, nicht der Herr über alle anderen Lebewesen, die er nach seinem Gutdünken nutzen und ausnutzen kann. Er ist tatsächlich nur eine andere Art. Oft wird argumentiert, wir seien doch wohl höher entwickelt als eine Stechmücke. Natürlich haben wir Fähigkeiten und Eigenschaften, die andere Arten nicht entwickelt haben. Aber andere Arten haben ebenfalls Fähigkeiten und Eigenschaften, die wir nicht haben. Die Stechmücke hat Infrarotsensoren, mit denen sie die Wärmeausstrahlung von Lebewesen wahrnehmen kann. Das können wir nicht. Oder ein Spinnennetz, gewoben aus einem Material, das so dünn, so leicht und doch so reißfest und flexibel ist, dazu noch klebt, aber nur an den Beutetieren und nicht an der Spinne selbst – das soll der Mensch mit seinen ausgeklügelten Technologien einmal versuchen nachzumachen. Oder die Wale, die über Hunderte von Kilometern in den Meeren miteinander kommunizieren können, das Kamel, das Flüssigkeit speichern und so tagelang ohne Wasser auskommen kann, der Hund mit seiner feinen Nase. Sind nicht alle Tierarten die am höchsten entwickelten in ihrer ökologischen Nische? Wie können wir uns selbst über diese anderen Entwicklungsformen stellen?!

38. Für die Evolution mag das ja zutreffen, aber heißt es nicht schon in der Bibel »Macht Euch die Erde untertan«?

Wohl kaum ein Bibelspruch ist so sehr missbraucht worden wie dieser. Er dient der Rechtfertigung jeglichen Unrechts, das der Mensch seinen Mitgeschöpfen antut. Doch ist ein König, der seine Untertanen bis aufs Letzte ausbeutet, ihre Umwelt zerstört, sie ausrottet, sie züchtet, schlachtet, isst, sie eines angeblichen Nutzens wegen zu Tode quält, kein König, sondern ein Tyrann.

39. Haben Tierexperimentatoren Spaß am Quälen von Tieren?

Tierexperimentatoren haben nicht unbedingt Spaß am Quälen der Tiere, aber sie können und wollen Schmerzen, Angst und Einsamkeit der Tiere nicht wahrnehmen. Die Forscher beobachten jeden Tag leidende und sterbende Tiere oder fügen ihnen selbst Schmerzen zu. Das führt zur Abstumpfung. Wenn Experimentatoren Mitgefühl mit den Tieren hätten, dann könnten sie diese Arbeit nicht jahre- oder jahrzehntelang machen, ohne selbst seelischen Schaden zu nehmen. Viele Experimentatoren sind überzeugt, sie würden etwas Gutes tun, glauben, dass das Leid der Tiere gerechtfertigt sei. Doch für das einzelne Tier spielt es keine Rolle, aus welchem Grund es gequält wird. Erschreckend ist auch, dass Ärzte, nachdem sie einige Zeit Tierversuche gemacht hatten, das Leid ihrer menschlichen Patienten nicht mehr wahrnehmen konnten[23].

40. Müssten Tierversuchsgegner nicht konsequenterweise jegliche medizinische Versorgung ablehnen?

Als Tierversuchsgegner muss man nicht auf Medikamente und medizinische Versorgung verzichten. Bei der Ernährung und bei Kosmetika haben wir die Möglichkeit auf Tierqualprodukte zu verzichten, bei Medikamenten, Operationen und anderen medizinischen Maßnahmen haben wir diese Wahl kaum oder gar nicht. Man kann von niemandem verlangen, medizinische Hilfe abzulehnen, nur weil sie an Tieren erprobt wurde. Wir kämpfen dafür, dass Tierversuche abgeschafft werden und dass es bald tierversuchsfreie Medikamente und Behandlungsmethoden gibt. Doch solange dies noch nicht der Fall ist, müssen wir mit der Tatsache leben, dass fast alles im medizinischen Bereich an Tieren getestet wurde und dass man uns diesbezüglich keine Wahl lässt.

Dass praktisch alle Medikamente an Tieren erprobt wurden, ist jedoch kein Beweis dafür, dass es diese ohne Tierversuche nicht gäbe und dass wir womöglich ohne Tierversuche alle an schrecklichen Krankheiten dahinsiechen würden, wie gern behauptet wird. Im Gegenteil, ohne Tierversuche wäre die Medizin sehr wahrscheinlich schon viel weiter, denn Tierversuche halten wegen der falschen Ergebnisse, die sie liefern, den medizinischen Fortschritt auf. Wenn tierversuchsfreie Methoden, z. B. In-vitro-Verfahren, klinische Forschung sowie Prävention von Krankheiten statt Tierversuchen im Vordergrund stünden, würde das zu einer wesentlichen Verbesserung der Gesundheitslage führen (siehe Frage 73).

41. Würden Sie lieber ein Kind sterben lassen als ein paar Ratten zu opfern?

Diese Frage kann schon deshalb nicht beantwortet werden, weil es diesen theoretischen Tierversuch gar nicht gibt. Eine solche angenommene direkte Beziehung zwischen einem Tierversuch und der Rettung eines Menschen existiert nicht. Zwar steht auf der einen Seite das ursprünglich gesunde Tier, welches sicher zu Tode gequält wird. Daraus resultiert aber nie die Rettung eines konkreten Menschen. Das Tier stirbt nur für die vage Hoffnung eines Experimentators, der behauptet, es könnten sich daraus möglicherweise für den Menschen wichtige Erkenntnisse ergeben. Von daher stehen sich hier also zwei vollkommen andere Werte gegenüber, als die Tierexperimentatoren uns häufig glauben machen wollen. Die Frage unterstellt Tierversuchsgegnern auch eine Menschenfeindlichkeit, die keineswegs gegeben ist. Im Gegenteil – wir möchten weder die Medizin noch Medikamente abschaffen, sondern wir fordern eine Heilkunst, welche mit zuverlässigen und ethisch akzeptablen Methoden zu ihrem Ziel, nämlich der Heilung von Krankheiten, führt. Die Frage «Wollen Sie lieber ein Kind oder eine Ratte retten?« ist deswegen nicht nur bewusst falsch gestellt, sondern auch ethisch nicht zu akzeptieren. Es geht nicht darum, sich zwischen einem Menschen oder einem Tier zu entscheiden – es geht nur um die Entscheidung zwischen guter Wissenschaft und sinnloser Grausamkeit.

42. Welche Auswirkungen haben Tierversuche auf die medizinische Kultur?

Es ist falsch zu glauben, dass neue Heilmittel und Heilverfahren für den kranken Menschen durch gefolterte und getötete Tiere produziert werden könnten. Tierversuche tragen dazu bei, dass sich die Medizin immer mehr von ihrer eigentlichen Aufgabe, nämlich Krankheiten vorzubeugen, sie zu behandeln und zu heilen, entfernt. Tier-

> Vielleicht ist die Kunst des Heilens schon mit der Einführung des Stethoskops verloren gegangen. Denn vorher haben wir unser Ohr auf das Herz des Patienten gelegt und zugehört. Sicher aber mit der Einführung des Gesundheitsmanagements, das auf ökonomischen Richtlinien basiert und den Menschen in seiner Einzigartigkeit in den Hintergrund gedrängt hat. Die Seele der Medizin, das Bündnis zwischen Arzt und Patient ist dabei verloren gegangen. ... Meine Erfahrung zeigt: In dem Moment, wo wir uns wieder auf den Patienten besinnen und ihm gut zuhören, wissen wir in 90 Prozent die Diagnose – ganz ohne die Hilfe der Technik.
>
> *Bernhard Lown, amerikanischer Kardiologe, Mitbegründer der Internationalen Ärzte für die Verhütung des Atomkrieges (IPPNW), Erfinder des Defibrillators und des Kardioversionsgerätes, 2002*

versuche können zu keinen Erkenntnissen über die Vorbeugung von Krankheiten, über ihre wirklichen Ursachen und psychosomatischen Zusammenhänge sowie über das Wesen des Heilvorganges beitragen. Sie führen vielmehr zu einer Verrohung der medizinischen Kultur, in der Krankheiten lediglich als technisch behebbare Defekte verstanden werden. Die so genannten Zivilisationskrankheiten machen heute in der westlichen Welt rund drei Viertel aller Todesfälle aus. Trotz unzähliger Tierversuche ist kein Durchbruch bei ihrer Behandlung in Sicht.

Völlig neue Strategien sind notwendig im Kampf gegen die heutigen Krankheiten wie Herz-Kreislauf-Erkrankungen, Krebs, Rheuma, Stoffwechselerkrankungen wie Diabetes, Gicht, Nierensteinleiden, psychosomatische Erkrankungen, Suchtkrankheiten wie Alkohol-, Nikotin- und Drogensucht, Allergien usw. Die Entwicklung immer neuer, oft schädlicher oder gar tödlich wirkender Pharmaka, für deren Herstellung Millionen von Tieren gequält und getötet wurden, führt immer weiter in eine Sackgasse.

Humanmedizin

43. Der modernen Medizin mit ihren im Tierversuch erprobten Medikamenten verdanken wir doch den Anstieg der Lebenserwartung in den letzten 100 Jahren!

Das ist ein Trugschluss! Der Anstieg der Lebenserwartung im letzten Jahrhundert in Europa ist vor allem durch einen Rückgang der Säuglings- und Kindersterblichkeit aufgrund von Infektionskrankheiten zu erklären.

Die Menschen der sozial benachteiligten Schichten lebten im 18. und 19. Jahrhundert unter heute kaum vorstellbaren Bedingungen. Sie hausten in engen, feuchten, schmutzigen Wohnungen ohne Frischwasserzufuhr und sanitäre Anlagen. Die Arbeit war harsch, und eine soziale Absicherung gab es nicht. Eine qualitativ schlechte Ernährung tat ihr Übriges. Mitte des 19. Jahrhunderts erkannte man die Zusammenhänge zwischen diesen katastrophalen sozialen Verhältnissen der Arbeiterschicht und den Seuchen wie Tuberkulose, Keuchhusten, Ruhr, Cholera, Diphterie, Typhus. Mit der Einführung hygienischer Verhältnisse und verbesserter Arbeits- und Lebensbedingungen gegen Ende des 19. Jahrhunderts kam es zu einem dramatischen Rückgang der Infektionskrankheiten der damaligen Zeit.

Der britische Sozialmediziner McKeown[24] konnte nachweisen, dass die Infektionskrankheiten und damit die Sterblichkeit lange vor der Entwicklung von Antibiotika und Impfstoffen auf dem Rückzug waren. Dass diese These zutrifft, lässt sich auch mit dem regelmäßigen Aufflackern von Infektionskrankheiten in den Ländern der Dritten Welt oder in Kriegsgebieten trotz des Einsatzes von modernen Medikamenten belegen. Nicht die medizinische Versorgung, sondern die Umwelt und soziale Faktoren sind die ausschlaggebenden Determinanten des allgemeinen Gesundheitszustandes der Bevölkerung, somit auch der Lebenserwartung.

44. Ohne Tierversuche wären doch viele wertvolle Errungenschaften der Medizin nicht möglich gewesen. Wo wäre die Medizin heute, wenn es Tierversuche nie gegeben hätte?

Der Stand der heutigen, naturwissenschaftlich ausgerichteten Medizin, die zu einem wesentlichen Teil auf Tierversuchen basiert, ist weder ein Beweis für ihre Notwendigkeit, noch sagt sie etwas über die weitere Entwicklung der Medizin aus. Die Tatsache, dass in der Vergangenheit Tierversuche durchgeführt wurden, bedeutet nicht, dass die Errungenschaften der Medizin nur auf diese Weise gefunden werden konnten. Wenn jemand mit dem Auto von Hannover nach Berlin fährt und dort ankommt, heißt dies nicht, dass er mit der Bahn nicht schneller, bequemer und billiger hingekommen wäre. Die Erfolge der Medizin fallen außerdem weitaus spärlicher aus, als oftmals dargestellt wird.

Seit Jahrzehnten wird unter immensem Aufwand an Milliarden von Tieren geforscht. Das Ergebnis ist bislang eher dürftig. Wenn der Tierversuch wirklich so wertvoll wäre, warum gibt es dann noch nicht das Mittel gegen Krebs, die Impfung gegen AIDS, den Durchbruch bei Alzheimer? Die Hälfte aller Westeuropäer stirbt an Herz-Kreislauf-Erkrankungen, ein Viertel an Krebs. Tendenz steigend. Wirkungsvolle Therapien gegen diese und andere Zivilisationskrankheiten sind nicht in Sicht.

Natürlich sind auch einzelne Fortschritte erzielt worden. Diese stehen jedoch in keinem akzeptablen Verhältnis zum jahrzehntelangen Aufwand. Vor allem sind sie aber nicht zwangsläufig auf die tierexperimentelle Forschung zurückzuführen. Im Gegenteil: Bei gleichem Forschungsaufwand für tierversuchsfreie Verfahren in Kombination mit umfangreicher Prävention wäre es um die Gesundheit der Men-

> Die Geschichte der Krebsforschung ist die Geschichte, wie man Krebs bei Mäusen heilt. Seit Jahrzehnten heilen wir Krebs bei Mäusen, aber beim Menschen klappt es einfach nicht.
>
> *Dr. Richard Klausner,*
> *Direktor des American National Cancer Institute, 1998*

schen heute weitaus besser bestellt. Allein in Bezug auf Krebs ließen sich zwei Drittel der Erkrankungen durch Prävention verhindern[25]. Ohne Tierversuche wären uns zudem viele Arzneimittel-Katastrophen erspart geblieben. Denn Tierversuche täuschen eine Arzneimittelsicherheit vor, die nicht vorhanden ist.

45. Zeigt nicht das Beispiel Contergan, dass früher nicht genug Tierversuche gemacht wurden?

Die missbildenden Eigenschaften von Thalidomid (Contergan®) zeigten sich erst im Nachhinein und nur bei zwei Tierspezies, dem Neuseeland-Kaninchen und einer Affenart. Und das auch nur in sehr hohen Dosierungen. Bei allen möglichen anderen Tierarten von der Maus über Schwein und Frettchen bis zum Gürteltier waren keine missbildenden Eigenschaften festzustellen. Daraus zu folgern, man müsse jedes Medikament an mehreren Tierarten testen, ist absurd. Woher soll man wissen, ob der Mensch wie die Maus oder wie das Neuseeland-Kaninchen oder wie keines von beiden reagieren wird? Ergebnisse aus Tierversuchen, von welcher Tierspezies auch immer, können niemals zu wirklich sicheren Voraussagen für den Menschen führen.

Das Schmerz- und Rheumamittel Benoxaprofen, das wegen Nierenversagens und anderer schwerer Nebenwirkungen beim Patienten vom Markt genommen werden musste, war in Versuchen mit Affen unbedenklich. Die Tiere bauen den Stoff nämlich wesentlich schneller ab[26]. Ratten und Mäuse reagierten in diesem Fall dem Menschen ähnlicher als Affen, unsere nächsten Verwandten. Welche Ergebnisse aus welchen Tierversuchen von welcher Spezies sollte man als auf den Menschen übertragbar ansehen und welche nicht?

Der Blutfettsenker Lipobay® wurde 2001 zurückgezogen, weil es beim Menschen zu Todesfällen durch Muskelzerfall gekommen war. In den zuvor durchgeführten Tierversuchen litten Hunde an Magenblutungen und schweren Veränderungen des Auges. Hohe Dosen riefen bei Hunden, Ratten, Mäusen und Schweinen leichten Muskelzellabbau hervor. Wie kann es sein, dass eine Substanz, die doch offensichtlich bei Tieren einigen Schaden anrichtet, überhaupt beim Menschen weiterverfolgt wird? Wozu sollten die Tierversuche dann überhaupt dienen? Die Antwort ist so erschreckend wie banal.

Die Ergebnisse von Tierversuchen können so ausgelegt werden, wie man sie gerade braucht. Sind die Ergebnisse im Sinne des Pharma-Unternehmens, kann weitergeforscht werden. Zeigen sich beim Tier hingegen unerwünschte Wirkungen, wird die Übertragbarkeit auf den Menschen angezweifelt, und das Medikament geht ebenfalls in die nächste Phase. Hauptgrund hierfür sind die ungeheuren Kosten, die der Hersteller bereits in das neue Mittel investiert hat. Bis zu 800 Millionen Dollar verschlingt die Entwicklung eines einzigen Medikaments[27]. Diese Investitionen müssen sich für den Hersteller auszahlen. So werden mitunter Ergebnisse geschönt, Gefahren ignoriert (siehe auch Frage 46).

Zurück zu Contergan: Obwohl nach der Contergan-Katastrophe die Prüfung im Tierversuch auf Schädigung der Frucht im Mutterleib längst zur Routine geworden ist, sind nach Einsatz der Aknemittel Isotretinoin und Etritinat bei schwangeren Frauen verkrüppelte Kinder zur Welt gekommen. Die Kinder wiesen Gaumenspalten, Herz- und Aortafehler sowie andere Defekte auf. Kein Tierversuch konnte diese Missbildungen verhindern.

46. Gäbe es ohne Tierversuche nicht noch viel mehr Arzneimittelkatastrophen?

Als Folge der Contergan-Katastrophe der 60er Jahre müssen seit 1978 Arzneimittel, die neu auf den Markt kommen sollen, ein Zulassungsverfahren durchlaufen. Die Wirksamkeit und Unbedenklichkeit von neuen Stoffen müssen dabei in Tierversuchen und klinischen Studien (siehe Frage 52) nachgewiesen werden. Doch die Arzneimittelsicherheit konnte damit nicht erhöht werden. Immer noch kommt es wieder und wieder zu schweren unerwünschten Wirkungen. Wie ist dies zu erklären?

Der Grund liegt in mangelnden Sicherheitsvorkehrungen und überstürzten Marktzulassungen. Die Entwicklung eines einzelnen neuen Medikamentes kostet heute im Durchschnitt rund 800 Millionen Dollar[27]. Die Investitionen müssen direkt nach der Zulassung wieder möglichst schnell hereingeholt werden, vor allem auch weil nach 20 Jahren der Patentschutz abläuft, d.h. auch andere Firmen können danach die Präparate als so genannte Generika herstellen. Ihr Wert und damit die Gewinnspanne sinken rapide. Pharmarefe-

> Nur Dummköpfe können dazu verleitet werden, die Vivisektion zu praktizieren und sich darin Ruhm zu verschaffen. Wir geben ihnen riesige Summen Geldes, damit sie entdecken können, weshalb wir in so alarmierend großer Zahl an Krebs sterben und wie wir diese Krankheit verhindern können. Sie nehmen das Geld und kaufen damit unzählige Mäuse, mit denen sie in ihren Forschungslaboratorien herumspielen. Wenn sie nach Jahren in sich selbst einen Mäuseverstand entwickelt haben, erklären sie uns, sie hätten herausgefunden, wie man eine Maus mit Krebs infizieren könne; auch hätten sie eine Mikrobe gefunden, die zwar harmlos sei, jedoch unter bestimmten Umständen, die sie nicht genauer definieren können, für Krebs charakteristisch zu sein scheine. Wer könne die Schnauzhaare einer einzigen Maus um eines so elendiglichen Resultates willen zupfen? Wenn diese Experimentatoren immer noch glauben, dass es besser ist, mit Mäusen herumzuspielen als den eigenen Verstand zu gebrauchen, kann mich nichts davon überzeugen, dass sie überhaupt einen brauchbaren Verstand haben.
>
> *George Bernhard Shaw (1856-1959), britischer Schriftsteller, Nobelpreis für Literatur, 1925*

renten locken niedergelassene Ärzte mit schönen Reisen oder anderen Geschenken, die neue Pille zu verschreiben. Die aggressive Vermarktung führt dazu, dass binnen kurzer Zeit ein Mittel, das sich eben noch in der Prüfphase befand, von Hunderttausenden Menschen geschluckt wird. Lipobay® zum Beispiel wurde nur drei Jahre nach der Zulassung von weltweit insgesamt sechs Millionen Menschen eingenommen. Und dann passiert es – die massenhafte Verbreitung bringt oft verheerende Wirkungen an den Tag.

Der Industrie geht es nur um den Profit – die Gesundheit der Menschen bleibt auf der Strecke. Die Skrupellosigkeit der Pharmabranche zeigt sich auch am Beispiel des Schmerzmittels Vioxx®. Dem Hersteller MSD war das erhöhte Schädigungspotenzial seiner Pille schon seit 2000 bekannt. Doch die Risiken wurden gezielt unter den Tisch gekehrt. Erst im September 2004 nahm die Firma das

Mittel vom Markt, als in einer weiteren Patientenstudie vermehrt Herzinfarkte und Schlaganfälle auftraten und das Risiko nicht mehr zu vertuschen war[28/29].

Eine Verbesserung der Arzneimittelqualität kann nur durch sorgfältige Sicherheitsprüfungen in der klinischen Phase und durch eine Abkehr vom Tierversuch in der vorklinischen Phase geschaffen werden. Pharmaunternehmen und Behörden verlassen sich auf den Tierversuch zur Beurteilung von Wirksamkeit und Gesundheitsrisiko, obwohl dieser Ansatz vollkommen ungeeignet ist. Sowohl bei der Entstehung von Krankheiten als auch bei der Wirksamkeit von Arzneimitteln spielen beim Menschen zahllose Faktoren eine Rolle. Jeder Mensch ist ständig wechselnden äußeren Einflüssen bezüglich Nahrung, Stress, Lebensbedingungen, Umwelt, Klima und umgebenden Mitmenschen ausgesetzt. Auch Einflüsse wie Gefühle, Gedanken, Stimmungen, Hormonschwankungen spielen eine Rolle. Diesen Faktoren wird in der Tierversuchsforschung keinerlei Beachtung geschenkt.

Neben der Abkehr vom Tierversuch müssen außerdem die klinischen Sicherheitsprüfungen sehr viel sorgsamer erfolgen, als dies augenblicklich der Fall ist (siehe dazu Frage 52).

47. Wird die Medizin bei der Entwicklung neuer Medikamente nicht erhebliche Rückschritte erleiden, wenn Tierversuche eingestellt werden?

Ganz im Gegenteil. Bei einem Verbot der Tierversuche würden tierversuchsfreie Forschungsmethoden sowie Prävention von Krankheiten in den Vordergrund rücken und so zu einer besseren Gesundheitssituation der Bevölkerung führen.

Doch die Tierversuchslobby schürt gezielt Ängste vor schrecklichen Leiden, um uns anschließend einzureden, nur die tierexperimentelle Medizin könne uns davor retten. Um den Umsatz zu erhöhen, gehen die Pharmakonzerne sogar so weit, Krankheiten zu erfinden. Vollkommen normale Erscheinungen des Lebens werden zu Krankheiten. Wechseljahre bei Mann und Frau, sexuelle Unlust, »Sissi-Syndrom«, Darmrumoren[30] – ein Glück, dass die Pharmaindustrie bereitsteht, bei all diesen Beschwerden Abhilfe zu schaffen. Die Normwerte für den Cholesterinspiegel wurden so festgelegt, dass sie bei über der Hälfte der Deutschen zu hoch liegen[30]. Über Nacht wurden so Millionen gesunde Bundesbürger zu behandlungsbedürftigen Patienten. Mit vielen ihrer Präparate sorgt die Pharmaindustrie zudem dafür, dass Patienten zu lebenslangen Stammkunden werden. Denn Nebenwirkungen von Arzneimitteln müssen durch andere Medikamente behandelt werden.

Das derzeitige Medizinsystem erweckt die Hoffnung, alles behandeln und heilen zu können, bei Bedarf verschlissene Körperteile austauschen zu können, wenn nur genug Geld und Tiere zur Verfügung stehen. Die Erfolge der Medizin sind jedoch besonders bei den Zivilisationskrankheiten oft erschreckend gering. Diese werden nämlich zu einem Großteil durch uns selbst und unsere Umwelt beeinflusst oder sogar verursacht. Ein Drittel aller Krebsfälle sind auf Zigarettenrauchen zurückzuführen, ein Drittel auf falsche Ernährung[25], weitere Auslöser sind Alkohol, zu intensive Sonneneinstrahlung und Umweltgifte. Rauchen, fleisch- und fettreiche Ernährung, Übergewicht, Bewegungsmangel und Stress sind Risikofaktoren für Herz- und Kreislauf-Erkrankungen. Mehr als die Hälfte aller Schlaganfälle ließe sich durch vorbeugende Maßnahmen verhindern[31]. Auch andere Massenkrankheiten wie Rheuma, Allergien, Diabetes und AIDS sind zum großen Teil durch unsere Lebensweise beeinflusst.

Statt auf die Vermeidbarkeit von Krankheiten zu setzen, werden Gesunde und Patienten zu chronisch Kranken gemacht, die kostenintensiv beforscht und behandelt werden müssen. Nutznießer ist die Medizinindustrie. Aufklärung der Bevölkerung und Übernahme von Verantwortung für die eigene Gesundheit sind weniger lukrativ und doch der einzige Weg aus der Sackgasse.

48. Laufend werden von der pharmazeutischen Industrie tierexperimentell neue Medikamente entwickelt. Sind diese Medikamente nicht absolut notwendig?

Die Weltgesundheitsorganisation (WHO) hält nur etwa 325 Wirksubstanzen für notwendig, um den Großteil der heute auftretenden Erkrankungen zu behandeln[32]. In der westlichen Welt wird diese Anzahl um ein Vielfaches überschritten. Über 60.000 Arzneimittel bieten die deutschen Pharmaunternehmen an. Diese ungeheure Zahl kommt einerseits durch zum Teil therapeutisch völlig unzweck-

> Die Tierversuche sind die größte und gemeinste Kulturschande der Gegenwart, sie sind moralisch und intellektuell dem Irrwahn der Hexenprozesse völlig gleichzusetzen. Kein Volk, das sie duldet, hat ein Recht darauf, sich ein Kulturvolk zu nennen.
>
> *Manfred Kyber (1880-1933), Schriftsteller*

mäßige Wirkstoffkombinationen zustande und andererseits dadurch, dass die meisten Wirkstoffe nicht nur doppelt und dreifach vorkommen, sondern gleich hundertfach. Von dem Antibiotikum Amoxicillin gibt es 201 Zubereitungen, vom Schmerzmittel Ibuprofen sind 394 Präparate auf dem Markt und vom Schleimlöser Acetylcystein gar 421, um nur einige Beispiele zu nennen[33].

Laufend kommen neue Medikamente auf den selbst für Fachleute bereits völlig unübersichtlichen Markt – in Deutschland rund 2.500 pro Jahr[34]. Die allermeisten Substanzen sind eher unter merkantilen Gesichtspunkten interessant, als dass sie einen therapeutischen Fortschritt bringen. Im Schnitt ist nur alle zwei Jahre eine echte Innovation dabei[35]. Dieses magere Ergebnis steht in krassem Gegensatz zu den üblichen Behauptungen der Verfechter der tierexperimentellen Forschung, die bei einem Stopp der Tierversuche den Untergang der Medizin mit katastrophalen Folgen für die medizinische Versorgung der Menschheit an die Wand malen. Die Arzneimittelflut füllt in Wirklichkeit nur die Taschen der Pharmakonzerne, trägt aber keineswegs zur Verbesserung der medizinischen Versorgung der Bevölkerung bei.

49. Wie kommt es, dass die pharmazeutischen Firmen so viel Geld mit Tierversuchen verdienen, wenn es gleichzeitig so teuer ist, sie durchzuführen?

Millionenbeträge werden in die Tierversuche gesteckt, Milliardenbeträge mit ihnen verdient. Ein Beispiel: Die Entwicklung eines neuen Medikamentes kostet rund 800 Millionen Dollar[27]. Der weltweite Jahresumsatz vom Schmerzmittel Vioxx® lag bei Marktrücknahme im

Jahr 2004 bei 2,5 Milliarden Dollar. Mit 91 Millionen verkauften Tagesdosen nahm es 2003 Rang 17 der meistverkauften Arzneimittel ein[36].

Solange nichts passiert, ist die Pharma-Branche mehr als lohnend. Wenn dann doch etwas schief geht, braucht die pharmazeutische Industrie den Tierversuch als Alibi. Wenn getestete Medikamente und Präparate beim Einsatz in der Humanmedizin schwere gesundheitliche Schäden beim Menschen oder sogar dessen Tod verursachen, kann die betreffende Firma unter Hinweis auf die nach gesetzlichen Bestimmungen exakt durchgeführten Tierversuche die Verantwortung auf nicht vorhersehbare Zusammenhänge schieben.

50. Wären denn Medikamente für Menschen sicher, wenn sie vorher nicht an Tieren getestet worden wären?

Ja, ohne Tierversuche wären Medikamente sogar sicherer, als sie es jetzt sind. Zunächst wollen wir uns anschauen, wie ein neues Medikament gefunden wird. Ein Beispiel: Am Anfang stehen rund 10.000 Substanzen. Diese werden mit Computersimulationen und In-vitro-Methoden durchforstet. Im Laufe von zwei Jahren kristallisieren sich etwa 250 interessante Substanzen heraus[27]. Nun beginnen die Tierversuche. Schließlich bleiben etwa fünf aussichtsreiche Wirkstoffe übrig – aussichtsreich, weil sie im Tierexperiment positive Resultate liefern. An dieser Stelle hören wir dann in den Medien die großartigen Erfolgsmeldungen: »Durchbruch bei Krebs«, »Impfstoff gegen Alzheimer gefunden«, »AIDS-Kranke können hoffen« usw. So wird den Menschen suggeriert, nur die Tierversuchs-Medizin könne uns vor all den furchtbaren Krankheiten retten.

In Wirklichkeit kann an dieser Stelle der Medikamentenentwicklung noch überhaupt keine Aussage darüber getroffen werden, wie der neue Stoff beim Menschen wirken wird. Wirkt er genauso wie im Tier? Wirkt er anders oder gar entgegengesetzt?

Wer weiß, wie viele sinnvolle Medikamente nie auf den Markt gelangen, weil sie aufgrund von irreführenden Tierversuchen vorzeitig aussortiert wurden? Viele heute segensreiche Arzneien wie Aspirin, Ibuprofen, Insulin, Penicillin oder Phenobarbital wären uns vorenthalten geblieben, hätte man sich schon in früheren Zeiten auf den Tierversuch verlassen. Diese Stoffe rufen nämlich bei bestimmten Tierarten gravierende Schädigungen hervor. Sie wären bei der heutigen Vorgehensweise der Wirkstofffindung durchgefallen.

Die fünf aussichtsreichsten Substanzen gehen nun in die klinische Prüfung (siehe auch Frage 52), d.h. sie werden am Menschen getestet. Hier zeigt sich oft, dass die Substanz doch nicht so wirksam ist wie bei der Maus oder dass sie sogar gefährliche Nebenwirkungen hat. Nach zwölf Jahren Entwicklungszeit landet schließlich nur einer der ursprünglich 10.000 Stoffe in den Apotheken, und auch dies ist meist kein wirklicher Durchbruch. Von der in der Tierversuchsphase gepriesenen Wunderpille hört man nie wieder etwas.

Doch auch Medikamente, die es bis zur Marktreife schaffen, sind längst nicht sicher. Denn, ob diese Substanz wirklich z.B. gegen Krebs wirksam ist und ob die Nebenwirkungen nicht vielleicht schlimmer sind als die Hauptwirkung, stellt sich erst in der Erprobung am Patienten heraus. Die Hälfte der schädlichen, oft sogar tödlichen Nebenwirkungen zeigt sich erst zwei Jahre nach der Zulassung, die andere Hälfte sogar erst nach sieben Jahren[37].

Substanzen mit besonders verheerenden Auswirkungen machen Schlagzeilen und werden aus dem Verkehr gezogen. Viel schlimmer sind jedoch die Arzneimittel, die trotz ihrer schädlichen Nebenwirkungen auf dem Markt bleiben. Allein in Deutschland sterben jedes Jahr 58.000 Menschen an unerwünschten Wirkungen von Medikamenten[38], 210.000 müssen wegen schwerer Nebenwirkungen im Krankenhaus behandelt werden[39].

Der Tierversuch macht Medikamente nicht sicher. Im Gegenteil, er bewirkt eine Scheinsicherheit, in der sich Pharmaindustrie, Ärzte und Patienten wiegen und die in Wirklichkeit nicht gegeben ist.

51. Können denn ohne Tierversuche überhaupt neue Medikamente gefunden werden?

Die Ergebnisse aus Tierversuchen lassen keine Aussage darüber zu, ob der Mensch auf eine Substanz in gleicher Weise, ähnlich, anders oder entgegengesetzt reagieren wird wie das Tier. Eine Übertragung auf den Menschen kann allenfalls als Spekulation bezeichnet werden. Das Arzneimittelrisiko könnte drastisch gesenkt werden, indem neue Wirkstoffe zunächst ausführlich mit relevanten und zuverlässigen tierversuchsfreien Tests, wie zum Beispiel Zellkulturen, geprüft und anschließend behutsam an freiwilligen Probanden und Patienten erprobt werden. Beides muss wesentlich sorgfältiger und gewissenhafter geschehen als bisher.

Allerdings brauchen wir nicht nur neue Wege in der Arzneimittelfindung, sondern auch in der gesamten Medizin. Die tierexperimentell ausgerichtete Medizin befindet sich in einer Sackgasse. Es werden Milliardensummen und Millionen Tierleben verforscht. Bestenfalls kommt nichts dabei heraus, schlimmstenfalls gefährliche Medikamente, die unzähligen Menschen die Gesundheit oder sogar das Leben kosten. Egal mit wie viel Aufwand die Pharmaindustrie forscht, Tierversuche tragen nicht zur Sicherheit von Arzneien bei. Aus der Sackgasse Tierversuch kommen wir erst wieder heraus, wenn die Medizin auf eine am Menschen orientierte Forschung umschwenkt und die Prävention von Krankheiten in den Vordergrund stellt.

52. Sollten neue Medikamente denn gleich am Menschen ausprobiert werden?

Keineswegs! Wir fordern vielmehr, dass man aufhört, an Menschen zu experimentieren. Das Arzneimittelrecht schreibt vor, dass ein neues Medikament nach den Tierversuchen an Menschen getestet wird. Klinische Prüfung in vier Phasen nennt sich dies:

Phase I: Die Arznei wird an einer kleinen Anzahl von Freiwilligen – gegen Honorar – getestet.

Phase II: Das neue Medikament wird einer kleinen Gruppe von Erkrankten gegeben.

Phase III: Diese Stufe umfasst einige Tausend Patienten, wobei die eine Hälfte das neue Produkt erhält und die andere ein Scheinmedikament (Placebo).

Phase IV: Nach der Zulassung werden die behandelten Patienten systematisch beobachtet.

Dabei handelt es sich um Menschenversuche. Studien dieser Art sind nicht nur für den Teilnehmer riskant, sondern auch ethisch fragwürdig, da die Notlage der «freiwilligen Probanden«, oft einkommensschwache Menschen, ausgenutzt wird. Kaum ein vernünftiger Mensch wird ohne zwingenden Grund seinen Körper gegen Geld als Testsystem für möglicherweise giftige Substanzen zur Verfügung stellen. Manche Probanden arbeiten für mehrere pharmazeutische Unternehmen gleichzeitig, so dass es zu Wechselwirkungen der eingenommenen Stoffe kommen kann. Zudem ist eine zuverlässige Einnahme der Medikamente durch die Probanden, die ja nur am Honorar interessiert sind, nicht garantiert, die Ergebnisse deswegen von vornherein in Frage zu stellen. Auch die Versuche der Phase II und III sind kritisch zu sehen. Oftmals werden Patienten ohne ihr Wissen in Studien eingebunden, oder sie werden nur unzureichend über die Risiken aufgeklärt. Die kranken Menschen erklären sich zu dem Test bereit, in dem Glauben, der Fortschritt der Medizin habe etwas Neues und damit Gutes hervorgebracht. Die neuen Medikamente sind jedoch aufgrund der zuvor durchgeführten Tierversuche keineswegs als sicher einzustufen. Immer wieder kommt es bei den Probanden, aber auch in den folgenden Phasen zu unvorhergesehenen Zwischenfällen, zu schweren Schädigungen, mitunter sogar zu Todesfällen.

Umfangreiche Sicherheitsvorkehrungen müssen vor der Marktzulassung eines neuen Medikamentes getroffen werden, um Arzneimittelkatastrophen zu verhindern. Als Erstes muss auf Tierversuche verzichtet werden, da sie keine relevante Methode darstellen, um die Reaktion eines kranken Menschen auf Substanzen vorherzusehen. Die neuen Wirkstoffe sind zunächst ausführlich mit zuverlässigen In-vitro-Tests zu überprüfen. Die anschließende Erprobung an sorgsam ausgewählten, freiwilligen Probanden muss erheblich vorsichtiger geschehen als bisher. Auch die Studien mit vollständig informierten Patienten haben wesentlich langsamer und sorgfältiger zu erfolgen. Mögliche Risiken und Nebenwirkungen des neuen Stoffes müssen jahrelang in umfangreichen Studien beobachtet werden, bevor er auf den Markt kommt und damit massenhaft Verbreitung findet.

Der Gesetzgeber muss hierzu die erforderlichen Grundlagen schaffen. Nach der jetzigen Gesetzeslage ist der Mensch das Versuchskaninchen. Trotz eines umfangreichen Tierversuchssystems bleibt das Hauptrisiko bei der Entwicklung von Medikamenten letztendlich beim Patienten.

53. Aber zur Erforschung von AIDS brauchen wir doch unbedingt Tierversuche!?

In der tierexperimentellen Medizin werden Tiere künstlich krank gemacht, um dann potenzielle Wirkstoffe an ihnen zu testen. Bei AIDS klappt schon der erste Schritt nicht. Denn es gibt praktisch keine Tierart, welche die menschliche Form der Immunschwäche entwickelt. Nach jahrelangen erfolglosen Versuchen hat man Experimente an Schimpansen, die dem Menschen genetisch besonders nahe stehen, aufgegeben, weil diese Tiere definitiv keine AIDS-Symptome bekommen. Bei Rhesusaffen und anderen Makaken verhält es sich zwar genauso, aber man kann sie mit SIV, dem Affen-AIDS-Erreger, infizieren. Affen-AIDS hat praktisch nichts mit dem menschlichen AIDS zu tun, und auch die Symptome sind anders, trotzdem müssen unzählige Primaten in aller Welt als Forschungsobjekte herhalten. Sie werden infiziert, isoliert, behandelt, geimpft, gequält und getötet. Herausgekommen ist dabei weder ein wirkungsvolles Heilmittel noch ein Impfstoff.

Weltweit haben sich bisher seit Ausbruch Anfang der 80er Jahre mehr als 60 Millionen Menschen mit dem AIDS-Erreger HIV infiziert, 20 Millionen sind bereits gestorben. 2004 haben sich weltweit ca. fünf Millionen Menschen neu mit HIV angesteckt. Rund drei Millionen Menschen sind 2004 an den Folgen ihrer HIV-Infektion verstorben, mehr als zwei Drittel davon allein in Afrika. In Deutschland leben zurzeit rund 44.000 Menschen mit einer HIV-Infektion[40].

Wichtige Fortschritte in der AIDS-Forschung beruhen nicht auf Tierversuchen, sondern auf Erkenntnissen aus der Infektions- und Seuchenlehre, auf der klinischen Beobachtung von Patienten und auf Studien mit Zellkulturen. Wesentliche Erkenntnisse zu Übertragungswegen, Struktur, Isolierung, Untersuchung und Bekämpfung des AIDS-Erregers wurden so ohne Tierversuche gewonnen[41/42/43/44]. Die tierexperimentelle Forschung konnte die Seuche bislang nicht besiegen, und ein Durchbruch ist auch in Zukunft nicht zu erwarten. Statt weiter Tiere zu quälen und zu töten, bedarf es neben einer Intensivierung der tierversuchsfreien Forschung einer flächendeckenden Aufklärung über die Schutzmöglichkeiten. Dies ist besonders in den stark betroffenen Entwicklungsländern, wo sich die meisten Menschen teure Pharmaprodukte auch gar nicht leisten können, nicht nur die bessere, sondern die einzige Chance.

54. Bei der Bekämpfung von Krebs kann man doch unmöglich auf Tierversuche verzichten!

Krebs ist ein typisches Beispiel für die chronische Erfolglosigkeit der tierexperimentell orientierten Medizin. Wie kaum in einem anderen Bereich wurde über Jahrzehnte mit einem ungeheuren Aufwand geforscht. Interferon, Immunmodulatoren, Chemotherapie galten als Wunderwaffe gegen den Krebs – manche erwiesen sich als wertlos, andere als nebenwirkungsträchtig. Von einer wirklichen Heilung kann kaum gesprochen werden. Hunderttausende von Substanzen wurden und werden an Millionen von »Krebsmäusen« getestet. Bei diesen Tieren wird das Erbgut so verändert, dass sie frühzeitig Tumoren entwickeln. Viele Stoffe wirkten bei den Nagern, beim Menschen versagten sie alle. Es mag unbestreitbar bei einigen Krebsarten gewisse Behandlungserfolge geben. Doch die Gesamtbilanz ist angesichts der Milliardeninvestitionen und der Abermillionen Tieropfer mehr als ernüchternd.

Krebs ist heute mit rund 25 % die zweithäufigste Todesursache in der westlichen Welt. Seit den 30er Jahren steigt die Krebsrate unaufhörlich an. Die Anzahl der an Krebs verstorbenen Menschen lag 1952 in den alten Bundesländern noch bei rund 90.000[45]. Heute erkranken in Deutschland jährlich rund 340.000 Menschen an Krebs; etwa 210.000 sterben an den Krankheitsfolgen[25]. Epidemiologische Studien haben ergeben, dass trotz aller angeblichen Fortschritte Patienten mit metastasiertem Darm-, Brust-, Lungen- oder Prostatakrebs heute nicht länger leben als vor 25 Jahren[46].

> Vom wissenschaftlichen Standpunkt aus gesehen muss festgestellt werden, dass das, was man das »Tiermodellsystem« in der Krebsforschung nennt, sich als eine totale Pleite herausgestellt hat. ... Es existiert kein Beweis, dass der Gebrauch von Tieren in der Krebsforschung zur Vorbeugung oder zur Genesung auch nur eines einzigen Menschen geführt hat.
>
> *Dr. Irwin D.J. Bross, Direktor am Roswell Park Memorial Institute von Buffalo, New York; jahrzehntelang einer der Leiter des American National Cancer Institute, der weltgrößten Krebsforschungsorganisation, 1983*

Die tierexperimentelle Krebsforschung geht davon aus, dass die Entstehung von Krebs durch einen bestimmten Faktor ausgelöst wird, z. B. einen Gendefekt oder eine krebserregende Substanz. Tatsächlich handelt es sich aber um ein ganzes Ursachengeflecht. Diese Vielfalt der möglichen Ursachen und ihrer Kombinationen können im »Tiermodell« niemals nachgeahmt werden. Zu den auslösenden Faktoren einer krebsartigen Entartung von Zellen – das wissen wir heute – gehören Rauchen, fleischreiche Ernährung, Alkohol, zu intensive Sonneneinstrahlung, Umweltgifte sowie eine familiäre Veranlagung. Um endlich wirkliche Fortschritte in diesem Bereich zu erzielen, darf nicht länger an Tieren herumexperimentiert werden, sondern muss die Verhinderung der Entstehung von Krebs in den Mittelpunkt rücken.

55. Gegen so viele Krankheiten gibt es erst wenige bzw. keine Medikamente. Muss hier nicht tierexperimentell weitergeforscht werden?

Tatsächlich sind heute bis zu 80 % aller Krankheiten nicht ausreichend behandelbar[18]. Doch Tierversuche werden die Situation nicht verbessern. Die tierexperimentell ausgerichtete Medizin geht nämlich von der Annahme aus, man könne komplexe Krankheiten im so genannten »Tiermodell« nachahmen. Anhand dieser Modelle sollen neue Therapiemethoden erforscht werden. Beispielsweise werden Bakterien oder Chemikalien in die Pfoten von Ratten gespritzt. Die Tiere bekommen eine schmerzhafte Gelenkentzündung, was dem menschlichen Rheuma gleichen soll. Bei unbetäubten Hunden wird eine Schlinge um eine Herzkranzarterie zugezogen, um einen Herzinfarkt zu bewirken. Krebs wird bei Mäusen durch Genmanipulation oder Injektion von Krebszellen hervorgerufen. Die künstlich krank gemachten Tiere haben außer ein paar Symptomen nichts mit erkrankten Menschen gemein. Deren Krankheiten haben vollkommen andere Ursachen.

Die medizinische Forschung versucht in tierexperimentellen Modellen unsere Massenkrankheiten zu simulieren, um dann diese künstlichen Defekte irgendwie wieder zu beheben. Kritische Mediziner beschäftigen sich hingegen zunehmend mit den tatsächlichen Hintergründen der so genannten Zivilisationskrankheiten. Es wird immer klarer, dass eine prinzipielle Änderung unserer Lebensgewohnheiten langfristig viel effektiver und volkswirtschaftlich billiger wäre als die vielen medikamentösen und chirurgischen Behandlungen. Krebs und Herz-Kreislauf-Erkrankungen, aber auch viele andere Krankheiten sind zu einem erheblichen Teil durch Faktoren wie Rauchen, Alkohol, Stress und fett- und fleischreiche Ernährung verursacht oder zumindest mitbedingt. Deutsche, aber auch amerikanische Studien mit Tausenden von Vegetariern und fleischessenden Kontrollpersonen haben eindeutig gezeigt, dass bei den Vegetariern wesentlich weniger Krebsfälle auftreten als bei den Kontrollgruppen. Ein Medikament, welches die Zahl der Krebsfälle so massiv reduzieren könnte wie die vegetarische Ernährung, wäre nobelpreisverdächtig.

Ein Drittel aller Krebs-Todesfälle steht mit dem Zigarettenrauchen in Verbindung. Inzwischen ist gesichert, dass nicht nur Lungenkrebs, sondern auch Kehlkopfkrebs, Karzinome von Mund, Speiseröhre und Bauchspeicheldrüse, Tumoren der Harnblase, der Nieren und der Gebärmutter durch das Rauchen begünstigt werden.

Prof. Dr. Friedrich W. Schwartz, Direktor der Abteilung für Epidemiologie, Sozialmedizin und Gesundheitsforschung der Medizinischen Hochschule Hannover fordert, statt der bisherigen Konzentration auf eine Reparatur-Medizin den Gedanken der Prävention in den Mittelpunkt zu stellen: »Man hat sich bei uns jahrzehntelang darauf konzentriert, den Leuten einzureden, dass es für jedes Gesundheitsproblem und jede Krankheit eine Reparaturmöglichkeit gibt, was definitiv nicht stimmt.«[18]

Es ist ein grundlegender Irrtum, dass wir die Folgen unserer Lebensweise beim Tier als Krankheit reproduzieren könnten, um sie dann mit chemischen Mitteln wieder zu beseitigen. Der Versuch, die modernen Massenkrankheiten an Tieren zu erforschen, ist zum Scheitern verurteilt. Nur eine prinzipielle Änderung unserer Lebensgewohnheiten kann zu einem nachhaltigen Rückgang der Zivilisationskrankheiten führen.

Die derzeitige Situation ist so, als wenn man immer mehr Reparaturwerkstätten und Krankenhäuser an einer Bergstraße bauen würde, an der viele Unfälle passieren, anstatt die Strecke durch Warnschilder und Ausbau sicherer zu machen! Was wäre wohl besser?

56. Wird die Gentechnik nicht helfen, unsere Krankheiten zu besiegen?

Die Gentechnik wird seit einiger Zeit als Rettung vor allem Übel dieser Welt gepriesen. Hunger, Armut, Alter und natürlich Krankheiten sollen mit ihrer Hilfe besiegt werden. Mit uferlosen Versprechungen werden enorme Summen an Fördergeldern lockergemacht. Mehr noch als in anderen Forschungszweigen geht es hier um Geld, sehr viel Geld. Doch trotz Milliardeninvestitionen und Abermillionen an Versuchstieren, die der Gentechnik zum Opfer gefallen sind, ist die Bilanz bisher mehr als ernüchternd. Das Erbgut von Tieren wird so manipuliert, dass menschliche Krankheiten nachgeahmt werden sollen, um daran neue Therapiemöglichkeiten zu testen. Doch die gentechnischen Veränderungen treten meist nicht in der gewünschten Weise ein. Das Resultat sind oft schrecklich missgebildete, verkrüppelte Tiere. Dieser »Ausschuss«, der 90 bis 99 Prozent aller Tiere betragen kann, wird als Abfall entsorgt. Wenn es dann irgendwann doch gelingt, eine bestimmte menschliche Krankheit bei Tieren zu erzeugen, z. B. Krebs, so wird das bereits als Erfolg der Gentechnik gefeiert. Ob daraus jemals eine geeignete Therapie für den Menschen entsteht, interessiert dabei nicht. So sind denn auch die Erfolge in der Krebsforschung der letzten 30 Jahre, gemessen am Forschungsaufwand, sehr gering. Unberücksichtigt bleibt nämlich, dass selbst genetische Veranlagungen für bestimmte Krankheiten nicht zu deren Ausbruch führen müssen. Vielmehr haben psychische Faktoren, Stress, Ernährung usw. einen wesentlichen Einfluss auf den Verlauf einer Erkrankung. Die Gentechnik ist gewiss nicht das Maß aller Dinge. Im Gegenteil, sie ist als gefährlich anzusehen, weil die Risiken für den Gesamtorganismus, die durch den Einsatz gentechnischer Verfahren entstehen, nicht abschätzbar sind.

57. Sind denn beim Erlernen und Erforschen von chirurgischen Eingriffen keine Tierversuche nötig?

Fälschlicherweise wird oft davon ausgegangen, dass Humanmedizinstudenten in ihrem Studium chirurgische Eingriffe an Tieren üben. Dies ist normalerweise gar nicht der Fall. Ein Humanchirurg erlernt sein »Handwerk« durch Ausbildung bereits im Studium und darüber hinaus bei Präparations- und Operationsübungen an der Leiche, durch Zuschauen und Assistieren bei erfahrenen Operateuren und schließlich bei der eigenen Durchführung operativer Eingriffe unter der kundigen Anleitung und Assistenz durch seinen Chef- oder Oberarzt. Diese klassische Form der chirurgisch-operativen Ausbildung ist unbestritten die effektivste. Möchten Sie sich etwa Ihren Blindarm von einem Chirurgen entfernen lassen, der vorher nur oder überwiegend an einem Hund, einer Ratte oder einem Schwein geübt hat?!

Tierversuche in der Chirurgie finden normalerweise zu anderen Zwecken statt. So werden Hunde, Schweine, Schafe, Ratten und andere Tiere hauptsächlich zum Erlernen neuer Techniken und in der Forschung verwendet. Neben erheblichen ethisch-moralischen Bedenken sprechen vor allem anatomische Unterschiede zwischen Mensch und Tier gegen eine Verwendung von Tieren in der Chirurgie.

Neuere Techniken, wie z. B. endoskopische Operationsverfahren, können hervorragend an Simulatoren, die mit Organen toter Lebewesen bestückt werden (»Basistraining«, z. B. Gallenblasenoperationen, Blinddarmoperation, Darmnähte u.ä.), geübt werden. Neuerdings gibt es sogar computergesteuerte interaktive Operationssimulatoren, ähnlich wie Flugsimulatoren bei der Pilotenausbildung. Bei diesen Übungen kommt es nicht auf anatomische Genauigkeit an, sondern auf das Einüben manueller Fertigkeiten (»Fingertraining«). Entsprechende Kurse für Chirurgen werden zwischenzeitlich an zahlreichen klinischen Zentren angeboten.

Auch bei der Erprobung neuer chirurgischer Techniken oder Implantate sind Tierversuche oft geradezu kontraproduktiv. Sie vermitteln – ähnlich wie in der Pharmakologie – eine gefährlich falsche Sicherheit. In der Orthopädie bzw. Unfallchirurgie werden z. B. Schafe oder Hunde zur Erprobung von Bandscheibenprothesen, Wirbelkörper-Ersatzoperationen oder Kreuzbandplastiken am Kniegelenk verwendet. Die biomedizinische Belastung und das Zusammenspiel von Knochen, Gelenken, Bändern, Muskeln und Sehnen sind jedoch beim Vierfüßlergang mit waagrechter Wirbelsäulenhaltung völlig anders als beim Menschen. Auch verhalten sich die knöchernen Heilungsvorgänge bei Mensch und Tier z.T. sehr unterschiedlich. Statt bei der kritiklosen Übertragung von Daten aus Tierversuchen ein unkalkulierbares Risiko in Kauf zu nehmen, kann z. B. ein Gelenkersatz oder die Stabilität einer unfallchirurgischen Wiederherstellung nach Knochenbrüchen mit Implantaten (z. B. Schrauben, Platten, Nägeln) an Leichenknochen bei Dauerbelastungsprüfungen im Labor oder durch Computersimulation hervorragend getestet werden. Dies betrifft auch Materialzusammensetzung, statische Form und zweckmäßige Herstellung. Die Bioverträglichkeit der meisten verwendeten Materialien ist ohnehin gut bekannt.

Diese Unterschiede, die eine echte Erprobung am Tier somit gar nicht zulassen, betreffen in gleicher Weise Blutgefäßprothesen oder künstliche Herzklappen. Angefangen von der höchst unterschiedlichen Herzschlagfrequenz und Kreislaufsituation bis hin zu der nicht vergleichbaren Lebenserwartung der meisten Versuchstiere mit der des Menschen sind diese Versuche nicht nur überflüssig, sondern auch wissenschaftlich unsinnig.

TIERRECHTE ALS STAATSSCHUTZZIEL

Unabhängig davon besteht die Rechtsordnung, wie auch die Klägerin unter Hinweis auf die Rechtsprechung des Bundesverfassungsgerichts betont, nicht nur aus formalen Regeln. Auch soweit Tierversuche medizinisch notwendig sind und den Tieren durch sachkundigen Umgang unnötiges Leiden möglichst erspart bleibt, verbleibt ein tierethisches Grundproblem. Die Klägerin selbst hat im Rahmen eines anderen Verfahrens, welches beim Senat anhängig war (3 U 275/04...), aus einer Veröffentlichung einer Vereinigung Schweizer Tierärzte wie folgt zitiert: »Bei aller Güterabwägung darf nicht verdrängt werden, dass den verbrauchenden und Leid zufügenden Tierversuchen stets ein ethisch problematischer Charakter anhaftet« (www.aerztefuertierschutz.ch). Art. 20a GG verleiht auch dem ethischen Tierschutz Verfassungsrang (BT-Drs. 14/8860, S. 3). Auch dies ist im Rahmen der Abwägung zwischen dem Persönlichkeitsrecht und dem Grundrecht der Meinungsfreiheit zu vergegenwärtigen. Wie der Senat durch Urteil vom 21.7.2004 entschieden hat, ist es der Öffentlichkeit vor diesem Hintergrund zuzubilligen, tierethische und tierschutzrechtliche Fragen nicht nur theoretisch-akademisch zu diskutieren, sondern anhand von konkreten Beispielen (ebenso bereits OLG Nürnberg...).

Beschluss des OLG Hamm v. 9.3.2005, Az. 3 U 293/04

Kosmetik, Chemie, Militär, Studium, Tiermedizin

58. Sind Tierversuche in der Kosmetik nicht verboten?

Obwohl Tierversuche für Kosmetika und Waschmittel in Deutschland laut Tierschutzgesetz verboten sind, müssen immer noch unzählige Tiere für Lippenstift und Hautcreme leiden und sterben. Die Firmen testen die Rohstoffe der Kosmetika einfach als »Chemikalien« oder verlagern die Tierversuche ins Ausland. Die tiergetesteten Produkte werden dann auch bei uns vermarktet.

Die Kosmetik-Tierversuche ließen sich leicht vermeiden, indem auf altbewährte Stoffe, von denen es bereits Tausende gibt, zurückgegriffen würde. Doch der Industrie geht es darum, Modetrends zu folgen oder den Konsumenten mit vorgeblichen Neuheiten zu locken: Die neuen Sommerfarben der Lidschatten-Kollektion, das Shampoo mit der garantierten Anti-Schuppenformel oder das ultrafeste Haargel erhöhen den Absatz. Jeder dieser Stoffe und die daraus hergestellten Endprodukte werden in der Regel im Tierversuch getestet. Für das Profitstreben der Konzerne werden also immer neue Kosmetika und Körperpflegemittel auf den Markt geworfen; Produkte, die niemand braucht und die unzählige Tiere mit ihrem Leben bezahlen müssen.

Als Grund für die Durchführung von Tierversuchen gibt die kosmetische Industrie die Verbrauchersicherheit an. Angeblich können nur Tierversuche die Unbedenklichkeit der Kosmetika garantieren und vor möglichen Schäden durch ein neues Produkt schützen. Doch hat sich in der Vergangenheit immer wieder gezeigt, dass Tierversuche niemals eine Gewähr dafür bieten, ein sicheres Produkt in den Händen zu halten. Tierversuche dienen nicht der Sicherheit des Verbrauchers – sie haben lediglich eine Alibifunktion.

Nach 13 Jahren harter Öffentlichkeits- und Lobbyarbeit durch die Tierschutz- und Tierversuchsgegnerverbände verabschiedete die EU 2003 ein EU-weites Verbot von Tierversuchen für Kosmetika sowie ein Vermarktungsverbot tiergetesteter Produkte. Diese sollen in Stufen 2009 und 2013 in Kraft treten. Allerdings gibt eine Gesetzeslücke die Möglichkeit, den letzten Termin noch weiter nach hinten zu verschieben, wenn bis dahin nicht genügend anerkannte tierversuchsfreie Testmethoden zur Verfügung stehen. Solange die Verbote noch nicht in Kraft sind, sollten Verbraucher auf garantiert nicht am Tier getestete Produkte zurückgreifen.

59. Ist die chemische Industrie gezwungen, zur Herstellung neuer Produkte Tierversuche zu machen?

Ob in Textilien, Lebensmitteln, Kunststoffen, Farben, Putzmitteln, Klebstoffen - Chemikalien sind aus unserem Leben nicht wegzudenken. Das Chemikaliengesetz schreibt für die Neuzulassung von Produkten eine Reihe von Tierversuchen vor. Verbraucher und Industriearbeiter sollen so vor schädlichen Auswirkungen der Stoffe geschützt werden. Doch Tierversuche bieten keinen Schutz vor giftigen Substanzen - im Gegenteil. Irreführende Tierversuchsergebnisse haben immer wieder dazu geführt, dass die Gefährlichkeit von Stoffen nicht oder zu spät erkannt wurde. Ein Beispiel:

Jahrzehntelang wurden krebserregende Eigenschaften von Asbest verleugnet, weil Ratten den Stoff wesentlich besser tolerieren als der Mensch. In einer Studie wurde festgestellt, dass Menschen gegenüber Asbest 300-mal empfindlicher sind als Ratten. In einer anderen Untersuchung mussten Ratten eine 100fach höhere Konzentration Asbest als Asbestarbeiter einatmen, um Lungenkrebs zu bekommen und sogar eine 1000fach höhere, um Krebs des Bauch- und Brustfells zu entwickeln. Hamster sind gegenüber Asbest sogar noch unempfindlicher[47]. Die krebsauslösende Wirkung von Asbest wurde schließlich durch Humanstudien, vor allem im Bereich der Arbeitsmedizin, aufgedeckt. Hätte man sich auf die Tierversuchsergebnisse verlassen, würden wohl heute noch Asbestplatten in unseren Schulen und Kindergärten unter der Decke hängen.

60. Ist es wahr, dass die EU alte Chemikalien an Millionen von Tieren testen will?

Seit 1981 müssen alle Chemikalien per Gesetz getestet werden, bevor sie auf den Markt kommen - meist in Tierversuchen. Vor 1981 gab es schon 100.106 Chemikalien. Diese will die EU nun auf ihre mögliche Schädlichkeit hin nachträglich testen. Im so genannten

REACH-Programm sollen zunächst die 30.000 am häufigsten produzierten Chemikalien überprüft werden. REACH steht für »Registrierung, Evaluierung und Autorisation von Chemikalien«. Schätzungen zufolge werden bis zu 45 Millionen Mäuse, Ratten, Kaninchen, Meerschweinchen und Hunde dafür leiden und sterben[48]. Fische, Regenwürmer und Wasserflöhe sind dabei noch nicht einmal mitgezählt.

Chemikalien in Gegenständen des täglichen Gebrauchs und in der Umwelt stellen tatsächlich oft ein unkalkulierbares Risiko für die Gesundheit des Menschen dar. Das berechtigte Interesse der Menschen, vor schädlichen Chemikalien geschützt zu werden, kann aber nicht durch noch mehr Tierversuche gelöst werden. Von vielen Chemikalien, die seit über 20 Jahren auf dem Markt sind, liegen schon zahlreiche, am Menschen gewonnene Daten vor. Dieses bereits vorhandene Wissen muss systematisch ausgewertet werden. Für weitere Informationen steht eine Vielzahl tierversuchsfreier Testmethoden zur Verfügung, die nicht nur sinnvolle, für den Menschen relevante Ergebnisse liefern, sondern zudem noch viel billiger und vor allem auch schneller sind. Beispielsweise dauert der übliche Tierversuch zur Feststellung krebserregender Eigenschaften einer Substanz drei bis fünf Jahre. Ein tierversuchsfreier Zellkultur-Test hingegen liefert verlässliche Resultate schon nach wenigen Wochen.

Seit Jahrzehnten verlässt man sich bei der Risikobewertung und der gesetzlichen Reglementierung von Chemikalien auf die Testmethode Tierversuch. Auch die neue EU-Chemikalienpolitik will diese Tradition fortsetzen. Doch wenn die EU weiter an dieser veralteten Testmethode festhält, wird die Verwendung und Freisetzung giftiger Substanzen auch in Zukunft nicht verhindert werden.

61. Werden der berüchtigte LD50-Test und der Draize-Test immer noch durchgeführt?

Der LD50-Test wird auch als die grausamste Formel der Welt bezeichnet. Substanzen wie Chemikalien, Medikamente oder Putzmittel sollen so auf ihre akute Giftigkeit getestet werden. Der Teststoff wird in verschiedenen Konzentrationen meist Ratten oder Mäusen, aber auch Hunden oder Affen per Magensonde verabreicht. Je nach Menge des verabreichten Giftes winden sich die Tiere stunden- oder gar tagelang in Krämpfen, sie leiden an Durchfall, Fieber, Schüttel-

> Trotz einer unübersehbaren Fülle von tiertoxikologischen Daten ist es auch dem erfahrenen Toxikologen nicht möglich, Erkenntnisse aus Tierversuchen plausibel auf den Menschen zu übertragen, da z.B.:
> - die LD50-Werte oft stark artenspezifisch sind und meist über Zehnerpotenzen streuen,
> - erste auftretende, evtl. giftspezifische Symptome am Tier nicht registriert,
> - ausschließlich finale, unspezifische Symptome dokumentiert,
> - Tiere im Allgemeinen nicht behandelt und
> - mögliche Spätschäden nicht erfasst werden.
>
> *Dr. Axel Hahn, Leiter der Erfassungsstelle für Vergiftungen im Bundesinstitut für Risikobewertung, Berlin, 1996*

frost oder Lähmungen. Die Tiergruppe mit der höchsten Dosierung stirbt zuerst, während die Tiere, die eine niedrigere Dosis erhalten haben, länger überleben. Es wird nun diejenige Menge einer Substanz ermittelt, bei der genau die Hälfte der Tiere stirbt. (LD50 = tödliche Dosis bei 50% der Tiere). Dieser Wert wird mit einer fiktiven Zahl multipliziert, um einen Grenzwert zu erhalten, der für den Menschen als sicher angesehen wird. Dieser Test ist nicht nur äußerst grausam, sondern auch völlig unbrauchbar, weil man auf diese Weise überhaupt nicht abschätzen kann, ob ein Stoff für den Menschen giftig ist oder nicht. Aufnahme, Verarbeitung und Ausscheidung von Substanzen sind von Tierart zu Tierart vollkommen unterschiedlich.

Eine einfache Gegenüberstellung von LD50-Werten bei verschiedenen Tierarten und dokumentierten Vergiftungsfällen beim Menschen verdeutlicht, wie stark sich die tödlichen Dosen voneinander unterscheiden. Zwei Beispiele: Ethylenglykol, ein Stoff, der als Frostschutzmittel und in Bremsflüssigkeiten Verwendung findet, wirkt bei der Maus in einer Konzentration von 7.500 mg/kg Körpergewicht tödlich. Bei der Katze liegt die LD50-Dosis bei nur 1.650 mg/kg Körpergewicht. Für den Menschen wurde daraus ein Wert von 398 mg/kg errechnet. Aus dokumentierten Vergiftungsfällen beim Menschen muss geschlossen werden, dass eine Behandlung aber bereits ab einer Menge von mehr als 100 mg/kg erforderlich ist[49].

Beim Phenol, das in Kunstharzen vorkommt, reagieren Kaninchen und Hund am unempfindlichsten. Katzen sterben schon bei geringen Dosen. Für Menschen ist Phenol auch giftig, jedoch haben Erwachsene Phenolvergiftungen schon in viel höheren Konzentrationen überlebt als Dosen, die eine Katze getötet hätten[49].

Niemand kann nach einem Tierversuch voraussagen, ob der Mensch genauso, ähnlich oder entgegengesetzt wie ein Versuchstier reagieren wird.

Im Jahr 1995 wurde der so genannte approximative LD50-Test in die deutschen Arzneimittelprüfrichtlinien aufgenommen. Er beruht auf dem gleichen Prinzip wie der klassische Test, benötigt aber etwas weniger Tiere, da nicht die exakte, sondern nur die ungefähre Dosis ermittelt wird, bei der die Hälfte der Tiere stirbt. Doch eine grausame und falsche Methode wird nicht besser, nur weil ein bisschen weniger gequält wird.

Zur Prüfung der augen- und schleimhautschädigenden Wirkung von Chemikalien, Haushaltsprodukten und Kosmetika wird der so genannte Draize-Test durchgeführt. Dieser bereits 1944 entwickelte, nach seinem Erfinder benannte Test hat sich als internationale Standardmethode etabliert. Das Testmaterial wird dabei Kaninchen in den Bindehautsack eines Auges geträufelt. Anschließend werden die entstandenen Schäden protokolliert und nach einem Punktesystem bewertet. Je nach Substanz können dies Rötungen und Entzündungen bis hin zu Verätzungen des Auges sein.

Der Test ist nicht nur äußerst grausam, sondern zudem auch für seine extreme Unzuverlässigkeit bekannt. Die Ergebnisse können selbst innerhalb eines Labors gravierenden Schwankungen unterliegen, d.h. der Test weist eine schlechte Reproduzierbarkeit auf. Außerdem zeigen Menschen und Kaninchen unterschiedliche Empfindlichkeit hinsichtlich der zu prüfenden Stoffe, d.h. die Ergebnisse aus dem Draize-Test lassen sich nicht auf die Situation beim Menschen übertragen. Obwohl der Test für die Verbrauchersicherheit völlig ungeeignet ist und längst zahlreiche In-vitro-Methoden entwickelt wurden, wird weiterhin an der etablierten Tierversuchsmethode festgehalten.

62. Sind Tierversuche nicht zumindest wichtig, um Natur und Umwelt vor schädlichen Stoffen zu schützen?

Tierversuche sind auch deshalb so beliebt, weil man mit ihnen alles beweisen oder widerlegen kann. Je nach Auftraggeber können bei gleicher Fragestellung völlig unterschiedliche Ergebnisse herauskommen. Beispielsweise wurde »bewiesen«, dass Tabakrauch krebserregend oder auch nicht krebserregend ist. Zu letzterem Ergebnis kam eine von der Tabakindustrie in Auftrag gegebene Studie. So kommt es, dass giftige Chemikalien, die wegen ihrer erwiesenen Schädlichkeit längst verboten werden müssten, weiterhin auf dem Markt bleiben. Ein weiteres Beispiel: Formaldehyd bewirkt bei Ratten Krebs des Nasenrachenraums. Auf Druck der Herstellerlobby wurde dieser Tierversuch zunächst als nicht auf den Menschen übertragbar eingestuft und Formaldehyd lange Zeit nur als »wahrscheinlich krebserregend« behandelt. Erst im Juni 2004 erfolgte die Klassifizierung als »krebserregend«. Ausschlaggebend hierfür waren epidemiologische (Bevölkerungs-) Studien[50].

Letztendlich wird der Tierversuch von der Industrie als Alibi benutzt, um weiterhin ungestört Millionen Tonnen schädlicher Stoffe produzieren zu können, die Wasser, Luft, Boden, Pflanzen und Lebensmittel verseuchen. Anstatt sich auf irreführende Tierversuche zu verlassen, sollten strenge Umweltkontrollen durchgeführt und Wasser, Boden, Pflanzen sowie menschliche und tierische Gewebe mit analytischen Methoden auf chemische Substanzen untersucht werden. Bei geringsten Anzeichen von Giftigkeit müssen diese sofort aus dem Verkehr gezogen werden.

63. Werden Tierversuche auch im militärischen Bereich durchgeführt?

Seit es Kriege gibt, werden militärische Geräte aller Art vor ihrem Einsatz beim Menschen an Tieren getestet. Von der Atombombe bis zum Schnellfeuergewehr, vom Pesterreger bis zum Nervengas – alles wird an wehrlosen Tieren erprobt. Die Versuche im Bereich der Rüstungsforschung unterliegen strengster Geheimhaltung, deswegen dringen nur spärliche Informationen an die Öffentlichkeit.

Laut dem deutschen Tierschutzgesetz sind Tierversuche zur Entwicklung von Waffen verboten, und die Anzahl der in Einrichtungen der Bundeswehr verbrauchten Tiere ist von 6.429 im Jahr 1984 auf 540 Ratten, Mäuse, Kaninchen und Schafe im Jahr 2001 gesunken[11]. Diese Angaben beziehen sich jedoch nur auf die Einrichtungen der Bundeswehr. Tierversuche, die von der Bundeswehr an andere Einrichtungen, z. B. Universitäten, in Auftrag gegeben werden, tauchen in dieser Aufstellung nicht auf. Diese Tiere werden zwar an anderer Stelle der offiziellen Statistiken gezählt, allerdings nicht gesondert, so dass sich die tatsächliche Zahl der für die Militärforschung in Deutschland getöteten Versuchstiere nicht ermitteln lässt.

Das im Tierschutzgesetz festgeschriebene Verbot der Entwicklung und Erprobung von Waffen und Munition lässt sich leicht umgehen. Schließlich dienten und dienen alle im militärischen Bereich durchgeführten Tierversuche ausschließlich – so heißt es – der Sicherheit der Soldaten und dem Schutz der Zivilbevölkerung. So wurden Versuche an der Sanitätsakademie München mit antibiotikaresistenten Hasenpest-Bakterien zum »Schutz der Bevölkerung« durchgeführt[51]. Und auch die Mäuse, die im Auftrag des Verteidigungsministeriums an der Universität Hohenheim mit Milzbrand infiziert wurden, starben nur zur Vorbeugung vor einem Angriff mit Biowaffen[52].

Doch wer am Schutz vor Waffen arbeitet, muss deren Wirkungsweise und die mögliche Angriffsform zunächst genau studieren. Damit sind die Übergänge von Angriff und Verteidigung fließend. Wie dem auch sei, für die Versuchstiere handelt es sich immer um Angriffswaffen.

64. Sind Tierversuche im Studium und in der Ausbildung sinnvoll?

Bei den Tierversuchen in der Ausbildung geht es nicht um neue Erkenntnisse, sondern lediglich um die Vermittlung längst bekannten Wissens. So wurde der berüchtigte Froschversuch, bei dem Nerven und Muskeln von unmittelbar zuvor getöteten Fröschen als Experimentiermaterial dienen, 1791 von Luigi Galvani »erfunden«. Seither wird er von Generationen von Studenten in aller Welt Jahr für Jahr durchgeführt. Neben dem Froschversuch stehen vor allem »Präparationsübungen« auf dem Programm, d.h. das Aufschneiden getöteter Tiere, um ihren Körperaufbau zu studieren. Jedes Jahr werden mindestens 60.000 Tiere, hauptsächlich Insekten, Regenwürmer,

Schnecken und andere Wirbellose, aber auch Ratten, Mäuse und Frösche an den deutschen Hochschulen allein in den Semestern des Grundstudiums von Biologie, Human- und Tiermedizin umgebracht[53]. Dank unermüdlicher Proteste von Seiten der Studierenden kann inzwischen an fast der Hälfte der humanmedizinischen Fakultäten tierverbrauchsfrei studiert werden. Auch im Tiermedizinstudium hat sich die Situation drastisch verbessert, nur die biologischen Fakultäten beharren allesamt auf den althergebrachten Lehrmethoden. An den fortschrittlichen Universitäten werden Computersimulationen, schmerzlose Selbstversuche, plastinierte Tiere (bekannt aus der Ausstellung »Körperwelten«) sowie natürlich gestorbene Tiere eingesetzt. Die Hartnäckigkeit, mit der an manchen Hochschulen geradezu krampfhaft am Tierverbrauch festgehalten wird, lässt als Erklärung nur einen Schluss zu: Die Studierenden sollen frühzeitig abgestumpft werden, da der Tierversuch in der Wissenschaftswelt selbstverständlicher Bestandteil ist. Wer in der Tradition der Tierversuche groß geworden ist, wird sie auch später nicht mehr in Frage stellen.

65. In der Tiermedizin müssen Tierversuche doch sinnvoll sein, weil das Problem der Übertragbarkeit nicht gegeben ist.

Zunächst muss mit der gängigen Vorstellung aufgeräumt werden, Tierversuche in der Tiermedizin würden nur zum Wohle von Tieren durchgeführt. Tatsächlich ist meist das Gegenteil der Fall, und tatsächlich profitieren von solchen Experimenten einzig und allein die Tiernutzer. Das Ziel des Einsatzes von Arzneimitteln und Impfstoffen im landwirtschaftlichen Bereich, von Zuchtprogrammen und dem Einsatz der Gentechnik ist, die Leistung der Tiere zu erhöhen und die Schäden durch die bekannten qualvollen Haltungsbedingungen zu begrenzen. Gesundheit wird hier statt am Wohlbefinden der Tiere in Litern Milchproduktion oder täglicher Gewichtszunahme gemessen. Tierarzneimittel und veterinärmedizinische Forschung ermöglichen in der Landwirtschaft erst die grenzenlose Ausbeutung der »Nutz«tiere.

Doch auch im Bereich der Heimtierhaltung dient die Tiermedizin nicht unbedingt dem Wohl der Tiere. Bei vielen Tierrassen sind

Schäden durch Züchtung vorprogrammiert. Die Dackellähme, die Hüftgelenksdysplasie des Schäferhundes, die ständig tränenden und oft entzündeten Augen der Perserkatze, ihre Atemnot oder die Zahnfehlstellungen der Zwergkaninchen sind durch einseitige Zuchtauswahl auf bestimmte Merkmale zurückzuführen. Bei vielen der heutigen Heimtierrassen werden solche menschgemachten Defekte zugunsten eines bestimmten Schönheitsideals oder Modetrends in Kauf genommen. Die Tiermedizin soll diese vermeidbaren Schäden dann wieder korrigieren.

Sicher können Tiere auch bei bester Absicht und optimaler Haltung krank werden. In diesen Fällen ist es gut und wichtig, dass eine moderne Tiermedizin bereitsteht, das Leid der Tiere zu lindern und deren Krankheiten zu heilen. Doch Tierversuche sind hierfür der falsche Weg. Versuchstiere werden unter völlig unnatürlichen Bedingungen gehalten. Zudem werden die Krankheiten, die man untersuchen will, bei ihnen künstlich hervorgerufen. Beides führt dazu, dass Versuchstiere nicht als Stellvertreter ihrer außerhalb eines Labors lebenden Artgenossen angesehen werden können, selbst dann nicht, wenn sie der gleichen Spezies angehören. Die Übertragung von Ergebnissen aus einem Tierexperiment auf ein »normales« Tier ist ähnlich problematisch wie die Übertragung auf den Menschen. Ob Schmusekatze, Zwingerhund oder Punkratte – die durch Haltungsbedingungen, Ernährung, Umweltfaktoren sowie soziale und psychische Einflüsse geprägten Verhältnisse, in denen Heimtiere leben –, können im Tierversuch nicht nachgeahmt werden. Noch weniger kann ein komplexes Krankheitsgeschehen bei Versuchstieren erforscht werden. Wenn einem Versuchstier beispielsweise Krebszellen injiziert werden, so hat der dann entstehende Krebs nichts mit den vielschichtigen Ursachen dieser Krankheit zu tun. Auf diese Weise lassen sich weder die Ursachen von Tierkrankheiten erforschen noch sinnvolle Therapien finden. Ergebnisse aus Studien mit Tieren lassen daher auch für andere Tiere der gleichen Spezies keine gesicherten Rückschlüsse zu.

Medizinischer Fortschritt ist natürlich auch in der Tiermedizin wichtig. Doch darf dies nicht auf Kosten anderer Tiere geschehen. Mit empirischer Forschung, das heißt auf Erfahrung basierender Forschung am Tierpatienten für den Tierpatienten, schadet man Tieren nicht und kommt zu sinnvollen Erkenntnissen. Die Beobachtung von natürlich erkrankten Tieren und ihrer Reaktion auf bestimmte Therapiemaßnahmen führt zu tatsächlichen medizinischen Fortschritten. Wichtige Erfahrungen werden so jeden Tag in der Praxis gewonnen. Weiterhin können vielfältige Computermethoden und epidemiologische Studien zur Anwendung kommen. Vor allem aber sollte der Vorbeugung wesentlich mehr Beachtung geschenkt werden. Wie in der Humanmedizin fängt Prävention nicht erst mit der Früherkennung von Krankheiten an, sondern bei der Verhinderung ihrer Entstehung. Die Obduktion gestorbener Tiere kann für Erforschung und Therapie von Krankheiten wesentliche Erkenntnisse vermitteln. Weiterhin können viele Fragestellungen, zum Beispiel im Bereich der Arzneimittelentwicklung, durch den Einsatz von Zellkulturen und anderen tierversuchsfreien Forschungsmethoden untersucht werden.

Bei Tierversuchen in der Tiermedizin müssen wir uns aber vor allem fragen: Darf ein Laborhund gequält werden, weil sich ein Wissenschaftler davon einen Nutzen für andere Hunde erhofft? Ist der Versuchshund weniger wert, weil er sich nicht in Privathand befindet? Haben nicht beide das gleiche Recht auf Leben in Unversehrtheit? Der Versuchshund ist ein Rudeltier wie unser eigener Hund. Er schätzt es, mit Menschen und anderen Hunden zu spielen, zu laufen und zu toben. Wer jemals ein Tier operieren lassen musste, weiß, dass es schon durch die Manipulationen vor Eintritt der Narkosewirkung leidet, ebenso in der Aufwachphase. Man kann dem Tier nicht erklären, warum dies geschieht. Es hat nackte Angst. Der Versuchshund und der eigene Hund fühlen gleichermaßen Schmerzen. Ist es nicht reiner Zufall, dass der eine Hund bei uns leben darf, während gleichzeitig ein anderer Hund gezüchtet wird, um in Tierexperimenten qualvoll zu sterben? Können wir es verantworten, darüber zu entscheiden, welches Tier zum vorgeblichen Wohl eines anderen gequält werden darf? Ist dieses Vorgehen nicht zutiefst unethisch? In der Humanmedizin wird der absichtliche Missbrauch von Menschen als verabscheuungswürdig angesehen. In der Tiermedizin ist ein solches Vorgehen vom Tierschutzgesetz gedeckt. Es ist grausamer Alltag in tierärztlichen Hochschulen und anderen staatlichen und privaten Labors. Und noch etwas: Der gequälte Laborhund leidet und stirbt auf jeden Fall. Der Nutzen, der dabei herauskommen soll, ist hingegen völlig ungewiss und häufig nur als Idee des Experimentators existent. Niemals steht einem sterbenden Versuchstier ein dadurch überlebendes anderes Wesen, sei es Mensch oder Tier, gegenüber.

66. Werden auch für Hunde- und Katzenfutter Tierversuche durchgeführt?

Obwohl es schon unzählige Futtersorten für Haustiere gibt, kommen ständig neue Produkte auf den Markt. Spezielle Diäten für dicke, dünne, kleine, große, junge, alte Hunde und Katzen, ja selbst für die einzelnen Rassen. So werden bei den Verbrauchern Wünsche für Produkte geweckt, die im Grunde niemand braucht und die nicht den Tieren zugute kommen, sondern nur die Taschen der Futtermittelindustrie füllen. Das Gewinnstreben der Konzerne allein ist dabei noch nicht einmal der Hauptkritikpunkt. Viele Firmen testen neue Futtermittel auf Geschmacksakzeptanz und Verträglichkeit an Versuchstieren. Bei anderen Tieren werden die Organe geschädigt. Beispielsweise werden ihre Nieren chirurgisch oder mit Chemikalien zerstört, um Diätfuttermittel für Tiere mit Nierenproblemen zu testen. Der künstlich hervorgerufene Organschaden unterscheidet sich jedoch grundlegend von der natürlich entstandenen Erkrankung unserer Haustiere. Unter unnatürlichen Bedingungen gehalten, fristen sie ihr Dasein im Labor – als Stellvertreter für das geliebte Haustier. Aufgrund der unterschiedlichen äußeren Bedingungen hinsichtlich psychischer, sozialer, Ernährungs- und Umweltfaktoren lassen sich die experimentell gewonnenen Ergebnisse zu Verträglichkeit und Wirksamkeit eines Futtermittels nicht mit der nötigen Sicherheit auf andere Tiere übertragen.

Neben der Kritik an der Methode muss gerade in diesem Bereich auch die ethische Vertretbarkeit hinterfragt werden. Dürfen wir Tiere als Versuchsobjekte missbrauchen, nur weil sie das Pech hatten, für die Forschung geboren zu werden und nicht als Familienhund oder Schmusekatze?

Die Zukunft

67. Wäre die Abschaffung aller Tierversuche nicht das Ende jeglichen medizinischen Fortschritts?

Ganz im Gegenteil! Tierversuche werden in einer zukünftigen, fortschrittlichen Medizin keinen Platz finden. Im Zeitalter der Raumfahrttechnik und der Mikrochips bedienen wir uns im Bereich der Medizin noch Methoden aus dem 19. Jahrhundert. Die heutige an Tierexperimenten orientierte Medizin ist nicht mehr zeitgemäß. Sie ist zu teuer, in vielen Bereichen ausgesprochen gefährlich und bei den meisten Zivilisationskrankheiten weitgehend unwirksam. Sie behandelt bestenfalls Symptome und ist nicht in der Lage, die tatsächlichen Ursachen und psychosomatischen Zusammenhänge unserer Krankheiten zu verstehen, geschweige denn sie präventiv zu beeinflussen. Tierversuche waren nicht nur nicht für den medizinischen Fortschritt verantwortlich, sie haben ihn häufig sogar aufgehalten. Ein Beispiel: Im Bereich der Multiple-Sklerose-Forschung hat man jahrzehntelang in eine völlig falsche Richtung geforscht. Britische und australische Wissenschaftler fanden heraus, dass die übliche Simulation der Krankheit bei Mäusen vollkommen ungeeignet war und die Multiple-Sklerose-Forschung um Jahre zurückgeworfen hat[54/55]. Kein Wunder, dass diese schwere Erkrankung immer noch nicht heilbar ist.

Man unterschätzt den Einfallsreichtum und die Erfindungsgabe der Wissenschaft, wenn man glaubt, dass durch den Wegfall einer Forschungsmethode die ganze Medizin zusammenbrechen würde. Die Geschichte hat gezeigt, dass, wenn ein Weg versperrt war, immer andere, gangbare Wege gefunden wurden. Das Verbot der Sklaverei in den Südstaaten der USA hat die Baumwollproduktion auch nicht zum Erliegen gebracht, wie zuvor von den Nutznießern der Sklaverei prophezeit worden war.

Mit der Abschaffung der Tierversuche werden Wissenschaftsbereiche wie Epidemiologie, Prävention, Sozialmedizin, Naturheilkunde in den Vordergrund rücken und die Medizin wirklich voranbringen.

68. Wenn nicht an Tieren, woran soll man dann testen?

Im Gegensatz zum Tierversuch liefern moderne tierversuchsfreie Verfahren verlässliche, für den Menschen relevante Ergebnisse. Allerdings führen diese Methoden in der tierexperimentell ausgerichteten Forschung und Medizin ein Schattendasein. Sie sind für junge Forscher oft nicht attraktiv. Die Beschäftigung mit tierversuchsfreien Verfahren ist weder für die Karriere zuträglich, noch fließen in diesem Bereich ausreichend Forschungsgelder. Doch trotz minimaler Förderung hat die tierversuchsfreie Forschung beachtliche Erfolge aufzuweisen.

Einige Beispiele für tierversuchsfreie Forschungsmethoden:

In-vitro-Methoden

»In vitro« bedeutet »im Reagenzglas« und steht im Gegensatz zu »in vivo« im Lebenden. Solche In-vitro-Systeme mit Zell- und Gewebekulturen, aber auch Mikroorganismen, Blut oder Hühnereier sind zumeist billiger, schneller und vor allem aussagekräftiger und genauer als Tierversuche. Bereits heute werden In-vitro-Verfahren in fast allen medizinischen Bereichen angewandt. Sie umfassen die Bereiche der Medikamentenentwicklung und Chemikalienprüfung, die Untersuchung von Krankheitserregern, die Gewinnung und Prüfung von Impfstoffen, den Einsatz in der Krebstherapie und AIDS-Forschung, die Prüfung von Infusionslösungen auf Reinheit, die Entwicklung von Testmodellen aller Art und vieles andere mehr. Die Grenze der In-vitro-Forschung ist dabei noch längst nicht erreicht. Allerdings kann sich dieser Zweig der Forschung nur bei ausreichender finanzieller Förderung weiterentwickeln, eine Voraussetzung, die im Moment kaum gegeben ist.

Ein Kritikpunkt ist, dass oft Zellen und Gewebe von Tieren eingesetzt werden, obwohl Kulturen aus menschlichen Geweben genauso gut verwendbar sind und vom ethischen und wissenschaftlichen Standpunkt her sinnvoller wären. Menschliche Zellen und Gewebe können dabei von Gewebeproben, Verstorbenen, Nachgeburten, Nabelschnüren oder chirurgischen Eingriffen stammen.

Computertechniken

Technisch ausgefeilte Computermodelle können Informationen über Struktur, Wirkung und Giftigkeit von Substanzen, wie zum Beispiel neue Arzneimittel oder Chemikalien, liefern. Sogar Computermodelle ganzer biologischer Systeme werden bereits entwickelt. Computermodelle wie QSAR (Quantitative Structure Activity Relationship) basieren auf menschlichen Daten. Unter Einbeziehung der Molekularstruktur einer Substanz kann ihre wahrscheinliche Wirkung vorausgesagt werden. Andere Modelle, wie CADD (Computer-Assisted Drug Development) werden von der Pharmaindustrie eingesetzt, um potenziell unwirksame oder toxische Stoffe schon auf einer frühen Stufe der Arzneimittelentwicklung auszusondern. Solche Pharmaka kommen erst gar nicht in den Tierversuch.

Ein neu entwickelter Chip kombiniert gar Computer- und In-vitro-Methoden miteinander. In einem System aus winzigen, mit Zellen verschiedener Organe ausgekleideten Gängen und Kammern auf einem Mikrochip kann die Aufnahme, Verteilung und Verstoffwechselung neuer Medikamente getestet werden.

Computertomographie

Relevante Erkenntnisse für den Bereich der humanmedizinischen Grundlagenforschung lassen sich an menschlichen Patienten direkt mit modernen, computergestützten bildgebenden Verfahren (Tomographie) gewinnen. Dabei werden Organe als dreidimensionales Gesamtbild dargestellt. In der Hirnforschung können so einzelne Bereiche des menschlichen Gehirns während bestimmter Hirnleistungen bildlich dargestellt werden. So lassen sich beispielsweise aktive Hirnzellen identifizieren, während sich eine Versuchsperson Bilder oder Wörter einprägt oder andere Aufgaben durchführt. Diese Methode ist auch zur Untersuchung neurologischer Erkrankungen und zur Diagnose von Gehirntumoren geeignet.

Epidemiologie

Unter Epidemiologie versteht man Bevölkerungsstudien, also Untersuchungen an Gruppen von Menschen. Auf diese Weise können die Zusammenhänge zwischen bestimmten Krankheiten und dem

Lebensstil sowie den Lebensumständen von Menschen, wie Ernährung, Gewohnheiten und Arbeit, aufgedeckt werden. Die Epidemiologie entwickelte sich aus der Beobachtung von Infektionskrankheiten. Im 19. Jahrhundert konnten hygienische und soziale Missstände als Ursachen für die Seuchenzüge der damaligen Zeit identifiziert werden. Aufgrund der Ergebnisse aus epidemiologischen Untersuchungen konnten vorbeugende Maßnahmen abgeleitet werden. Beispielsweise wurden die krebserregenden Eigenschaften von Tabakrauch und Asbest so erkannt.

Klinische Forschung

Ein Großteil des heutigen medizinischen Wissens basiert auf sorgfältiger Beobachtung von kranken Menschen. Forschung an menschlichen Patienten erlaubt Aussagen darüber, ob und wie kranke Menschen auf neue Wirkstoffe reagieren und ob diese besser als bisherige Therapien sind. Klinische Forschung muss sorgsam und vorsichtig mit eingehend informierten Teilnehmern durchgeführt werden und ist somit klar von »Menschenversuchen« abzugrenzen.

Leichenöffnungen

Obduktionen Verstorbener geben Aufschluss über die Entstehung von Krankheiten und die durch Krankheiten bedingten Veränderungen der Organe.

> Vivisektion ist nach meiner Auffassung das schwärzeste von allen schwarzen Verbrechen, deren sich der Mensch heute gegenüber Gott und seiner Schöpfung schuldig macht.
>
> *Mahatma Gandhi (1869-1948), indischer Politiker, Nobelpreis 1913*

69. Können alle Tierversuche durch tierversuchsfreie Verfahren ersetzt werden?

Tierversuche müssen genauso wenig ersetzt werden wie die Berliner Mauer. Viele Tierversuche brauchen vor allem deswegen nicht ersetzt zu werden, weil sie schlichtweg überflüssig sind. Hierzu zählen vor allem Experimente im Bereich der Grundlagenforschung. Diese meist zweckfrei ausgerichtete Forschung dient hauptsächlich der Profilierung und persönlichen Karriere einzelner Experimentatoren. So muss beispielsweise niemand wissen, wie die Gehirne von Katzen, Affen und Eulen funktionieren. Versuche dieser Art können ersatzlos gestrichen werden.

In anderen Bereichen wie bei den Giftigkeitsprüfungen und in der Arzneimittelforschung können wissenschaftliche Methoden anstelle von Tierversuchen eingesetzt werden. Dazu zählt zum Beispiel die In-vitro-Forschung (in vitro steht für »im Reagenzglas«). Mit Hilfe von schmerzfreier Materie wie Zell- und Gewebekulturen lassen sich heute schon eine Fülle von Fragestellungen beantworten. Und das Potenzial ist noch längst nicht ausgeschöpft (siehe Frage 68).

70. Lassen sich denn überhaupt neue Medikamente ohne Tierversuche entwickeln und testen? Braucht man nicht einen kompletten Organismus, um neue Stoffe erproben zu können?

Viele der heute existierenden Zellkultur-Methoden können tatsächlich nicht vorhersagen, wie ein kompletter Organismus, ein ganzer Mensch, reagieren wird. Allerdings können Tierversuche dies genauso wenig. Was nützen uns Aussagen darüber, wie ein ganzer Körper auf ein Medikament reagiert, wenn es der falsche Körper ist? Wenn man jedoch viele verschiedene In-vitro-Methoden zum Beispiel mit menschlichen Zellen und Geweben verwendet und dies noch mit speziellen Computerprogrammen kombiniert, erhält man Informationen, die sehr viel genauer und verlässlicher als der Tierversuch vorhersagen können, wie ein Mensch auf einen neuen Stoff reagieren wird.

Amerikanischen Wissenschaftlern ist es gelungen, einen Organismus auf einem Silizium-Chip nachzuahmen. Winzige Kammern aus Glasröhren, die mit lebenden Zellen ausgekleidet sind, stellen einzelne Organe dar. Ein hinzugegebener neuer Wirkstoff zirkuliert mit einer Nährlösung durch den künstlichen Körper. Seine Wirkung in den einzelnen Organen, seine Verstoffwechslung sowie die mögliche Entstehung giftiger Abbauprodukte können nun getestet werden.

71. Können Laien eigentlich beim Thema Tierversuche mitreden? Muss dieses Feld nicht den Experten aus Wissenschaft und Industrie überlassen werden?

Ganz gewiss nicht! Die Bewertung von Fragen hinsichtlich der Leidensfähigkeit der Tiere, der Grausamkeit im Tierversuch bzw. des Missbrauchs von Tieren als «wissenschaftliche« Messinstrumente darf nicht denen überlassen werden, die vom Tierversuch wirtschaftlich und beruflich profitieren. Aber auch im wissenschaftlichen Bereich sind die so genannten Experten kaum kompetent. Eine Wissenschaft, die als ihr Ziel die Erhaltung unserer Gesundheit angibt, darf nicht mit völlig ungeeigneten Methoden in Form tierexperimenteller «Modelle« menschlicher Krankheiten arbeiten. Ein solcher Forschungsansatz ist nicht auf die Situation des kranken Menschen übertragbar.

Außerdem bekennen sich bei weitem nicht alle Wissenschaftler zum Tierversuch. Die Zahl der Ärzte und Forscher, die dem Tierversuch kritisch gegenüberstehen, wächst ständig. Tausende von Medizinern engagieren sich in Vereinigungen wie Ärzte gegen Tierversuche in Deutschland und vielen anderen Ländern. Eine Umfrage unter 500 Hausärzten in Großbritannien aus dem Jahr 2004 macht eine kritische Haltung der Mediziner gegenüber dem Tierversuch deutlich. 82 % halten Tierversuchsergebnisse für irreführend, wenn sie auf den Menschen übertragen werden. Nur 21 % würden bei der Testung neuer Medikamente Tierversuchen eher vertrauen als einer Reihe von Patientenstudien. Und 83 % würden eine unabhängige Untersuchung zur klinischen Relevanz von Tierexperimenten unterstützen[56].

Zunehmend werden auch kritische Studien in wissenschaftlichen Fachjournalen veröffentlicht. Beispielhaft sei hier die Studie britischer Universitäts-Wissenschaftler genannt, der zufolge Tierversuchsergebnisse wegen ihrer geringen Aussagekraft Patienten gefährden können[21].

72. Haben Tierversuchsgegner eigentlich schon etwas erreicht?

Ja, es wurde bereits sehr viel erreicht. Die Zahl der Tierversuche nahm von den Anfängen der offiziellen Statistiken Ende der achtziger Jahre bis zum Jahr 1997 kontinuierlich ab. Nach diesem Tiefpunkt stieg die Zahl jedoch wieder an. Doch die Tatsache, dass die Tierversuchszahlen zumindest bis zu dem Tiefpunkt überhaupt abgenommen haben, dass Tierversuche ein Thema in der Öffentlichkeit, in den Medien und der Politik sind, dass immer mehr Wissenschaftler sich Gedanken über andere Forschungsmethoden machen, ist einzig und allein der jahrzehntelangen Arbeit der Tierversuchsgegner zu verdanken.

Der Glaube an die Sicherheit von Medikamenten ist in den letzten Jahrzehnten schwer erschüttert worden. Zahllose Beispiele von Substanzen, welche tierexperimentell für sicher gehalten wurden und dann beim Menschen zu tragischen Komplikationen führten, haben die Illusion, dass auf der Basis von Tierversuchen neue sichere Medikamente gefunden werden könnten, grundlegend gestört. Für die Entwicklung und den Einsatz von Zellkulturen und anderen tierversuchsfreien Methoden war die Tierversuchsgegnerbewegung der Katalysator. Ohne den unermüdlichen Kampf der Tierversuchsgegner gäbe es Einrichtungen wie ZEBET (Zentralstelle zur Erfassung und Bewertung von Ersatz- und Ergänzungsmethoden in Berlin) und das europäische Gegenstück ECVAM (European Center for the Validation of Alternative Methods in Ispra, Italien) nicht, zwei Institutionen, die sich wirkungsvoll und nachhaltig für die Etablierung tierversuchsfreier Testmethoden einsetzen. Es gäbe die Verbesserungen im Tierschutzrecht nicht, keine Ethikkommissionen und keine Kosmetik-Richtlinie. Auch konkrete Einsparungen von Tieren, z.B. beim qualvollen Fischtest, der dank einer Gesetzesänderung unzähligen kleinen Goldorfen erspart bleibt, ist auf die Aktivitäten von Tierversuchsgegnern und Tierrechtlern zurückzuführen.

Für aktive Tierversuchsgegner geht es zwar langsam, viel zu langsam voran, weil mit jedem Tag, mit jeder Sekunde weiter Tiere in sinnlosen, archaischen Experimenten leiden und sterben müssen, aber es geht voran. Wir haben einen Stein ins Rollen gebracht, der nicht mehr aufzuhalten ist, und der in hoffentlich nicht allzu ferner Zukunft sein Ziel erreichen wird.

73. Kann man Tierversuchs-Produkte boykottieren?

Dies ist wohl nur im Kosmetik-Bereich machbar. Eine Positiv-Liste für tierversuchsfreie Kosmetik ist beim Deutschen Tierschutzbund e.V. erhältlich. Im Arzneimittelbereich ist ein Boykott kaum möglich. Leider gibt es nämlich aufgrund gesetzlicher Vorschriften kaum tierversuchsfreie Medikamente. Praktisch alle Medikamente, Behandlungsmethoden, Operationstechniken usw. sind im Tierversuch getestet worden. Und praktisch alle Pharmaunternehmen führen Tierversuche durch. Um die forschenden, tierexperimentell arbeitenden Firmen möglichst nicht zu unterstützen, kann man auf so genannte Generika-Präparate zurückgreifen. Die Patente für Medikamente laufen nach 20 Jahren ab. Sie werden von kleineren Firmen, die selbst nicht forschen, aufgekauft. Die Generika-Firmen produzieren dann diese Medikamente meist zu einem sehr viel günstigerem Preis. Wenn man auf diese Nachahmerpräparate ausweicht, hat man zwei Vorteile: Man unterstützt die forschenden Firmen nicht, und man verwendet Medikamente, die sich seit mindestens 20 Jahren bewährt haben. Unliebsame Überraschungen, wie schwere Nebenwirkungen, sind bei diesen Präparaten also nicht so wahrscheinlich. Dies darf jedoch nicht darüber hinwegtäuschen, dass auch die Medikamente der Generika-Firmen früher im Tierversuch getestet worden sind. Auch sind Generika-Hersteller mitunter Tochterfirmen von forschenden Unternehmen.

Grausamkeit gegen die Tiere ist eines der kennzeichnendsten Laster eines niederen und unedlen Volkes. Wo man ihrer gewahr wird, ist es ein sicheres Zeichen der Unwissenheit und Rohheit, welches selbst durch alle Zeichen des Reichtums und der Pracht nicht übertüncht werden kann. Grausamkeit gegen Tiere kann weder bei wahrer Bildung noch bei wahrer Gelehrsamkeit bestehen. Diese Worte kann heute kein Volk aussprechen, ohne sich selbst als niedrig und unedel zu bezeichnen – und das mit vollstem Recht und im weitesten Umfang.

Alexander von Humboldt (1769-1859), Naturforscher

Für die Bereiche Homöopathika, Akupunktur und andere naturheilkundliche Verfahren sind laut Gesetz größtenteils keine Tierversuche vorgeschrieben. Doch selbst in diesen Bereichen werden mitunter Tierversuche durchgeführt.

Die Tatsache, dass praktisch alle Medikamente in Tierversuchen getestet worden sind, ist weder ein Beweis für ihre Notwendigkeit noch bedeutet dies, dass Tierversuchsgegner auf jegliche medizinische Versorgung verzichten müssen, wie oft von der Gegenseite verlangt wird. Ein vollständiger Boykott aller tiergetesteten Stoffe ist praktisch nicht möglich. Denn nicht nur Medikamente, auch alle Stoffe des täglichen Lebens, die Farbe im Teppich, der Kunststoff unseres Computers, die Zusatzstoffe in unseren Nahrungsmitteln, ja sogar Wasser, wurden schon an Tieren getestet. Wir können die Tierversuche der Vergangenheit nicht rückgängig machen, wir können nur dafür sorgen, dass es in Zukunft keine mehr geben wird (siehe dazu Frage 40).

74. Was kann der Einzelne denn gegen Tierversuche tun?

Zunächst ist es wichtig, dass Sie sich gründlich über Tierversuche informieren, damit Sie gegenüber anderen Menschen argumentieren können. Sprechen Sie mit Freunden, Verwandten, Arbeitskollegen, Mitschülern über das Thema und verteilen Sie Informationsschriften. Das Sammeln von Unterschriften ist ein guter Aufhänger, um mit den Mitmenschen ins Gespräch zu kommen. Durch Aufkleber auf Auto, Fahrrad, Tasche machen Sie andere Menschen auf das Thema aufmerksam. Spenden und Mitgliedschaften helfen Tierversuchsgegner-Organisationen in ihrem Kampf gegen Tierversuche.

Wenn Sie darüber hinaus aktiv werden wollen, können Sie dies im Rahmen von lokalen Vereinen machen oder aber auch als Einzelperson. Legen Sie Infomaterial in Schulen, Universitäten, Kirchen, Bürger- und Jugendzentren aus, bitten Sie Ihren Arzt, Zahnarzt, Heilpraktiker oder Tierarzt, in seinem Wartezimmer Unterlagen gegen Tierexperimente auslegen zu dürfen. Schüler können eine Projektwoche organisieren. Organisieren Sie Informationsstände, nehmen Sie an Demonstrationen teil, schreiben Sie Briefe an die Bundesregierung, Ministerien sowie an Presse, Rundfunk und Fernsehen. Verzichten Sie nach Möglichkeit auf Kosmetikprodukte, die an Tieren getestet worden sind. Ihrem Engagement sind praktisch keine Grenzen gesetzt.

Wichtig ist, dass Sie nicht so schnell aufgeben, wenn ein sichtbarer Erfolg augenscheinlich ausbleibt. Anders als im karitativen Tierschutz, wo sich kurzfristige Erfolge zum Beispiel in der Anzahl vermittelter Haustiere unmittelbar niederschlagen können, braucht man bei der Arbeit gegen Tierversuche einen besonders langen Atem. Nur durch kontinuierliche Aufklärungsarbeit über die Grausamkeit, Unsinnigkeit und Gefährlichkeit des Tierversuchs wird es gelingen, den Druck aus der Bevölkerung auf Politik und Wirtschaft derart zu erhöhen, dass letztendlich auch der Einfluss der Tierversuchslobby ein gesetzliches Verbot der Tierversuche nicht mehr verhindern kann.

Danksagung

Besonderen Dank an Dr. med. Wolf-Dieter Hirsch,
Chefarzt der Chirurgischen Abteilung des Krankenhauses Grimma,
für den Beitrag zu Frage 57.

Danken möchten wir auch den folgenden Organisationen,
die uns unterstützt haben:
Ärzte gegen Tierversuche e.V.,
Landsbergerstr. 103, 80339 München, Tel: 089-3599349,
Fax: 35652127, info@aerzte-gegen-tierversuche.de,
www.aerzte-gegen-tierversuche.de,

Menschen für Tierrechte –
Bundesverband der Tierversuchsgegner e.V.,
Roermonder Str. 4a, 52072 Aachen, Tel: 0241-157214,
Fax: 155642, info@tierrechte.de, www.tierrechte.de

und PETA Deutschland e.V.,
Dieselstr. 21, 70839 Gerlingen, Tel: 07156-178280, Fax: 1782810,
info@peta.de, www.peta.de,
besonders für die Zurverfügungstellung der Fotos.

Quellen

1 Bundesministerium für Verbraucherschutz, Ernährung und Landwirtschaft, www.verbraucherschutzministerium.de
2 American Journal of Physiology. Regulatory, Integrative and Comparative Physiology 2004: 286, R958-R-966
3 Neurogastroenterology and Motility 1998: 10, 219-225
4 Journal of Orthopaedic Trauma 2001: 15(6), 407-414
5 Surgical Endoscopy 1999: 13, 683-688
6 Der Spiegel 33/2003, S. 132-133
7 Der Spiegel 2/2005, S. 118
8 Altex 18, 3/2001, 171-178
9 Weser Report 15.12.04
10 American Journal of Physiology 1998: 274(43), R1789-R1796
11 Tierschutzbericht der Bundesregierung 1999 und 2004
12 Menschen.für Tierrechte – Bundesverband der Tierversuchsgegner e.V., www.keine-maeuse.de
13 Bundesministerium für Wirtschaft und Arbeit, www.bmwi.de
14 Statistisches Bundesamt, www.destatis.de
15 Die Welt 10.06.04
16 Deutsche Gesellschaft für Nikotinforschung, www.dgnf.de
17 Neue Westfälische 09.12.03
18 Friedrich W. Schwartz in www.br-online.de/umwelt-gesundheit/thema/vorsorge/auswege.xml
19 Frankfurter Allgemeine Zeitung 19.12.01
20 H. Schöffl, et al. (Hrsg.): Forschung ohne Tierversuche 1996. Springer Wien New York, S. 395-405
21 British Medical Journal 2004: 328, 514-517
22 www.datenbank-tierversuche.de
23 British Medical Journal, June 11th 1989, 1894
24 McKeown, T.: Die Bedeutung der Medizin. Suhrkamp Verlag, Frankfurt/M 1982
25 Deutsche Krebsgesellschaft, www.krebsgesellschaft.de
26 Toxicology Letters 1998: 102-103, 545-550
27 Süddeutsche Zeitung 2./3.10.04
28 Der Spiegel 46/2004, S. 197-198
29 arznei-telegramm 11/2004
30 Der Spiegel 33/2003, S. 116-128
31 ADAC motorwelt 2/2005
32 Weltgesundheitsorganisation, www.who.int Pressemitteilung vom 4.9.2002
33 arznei-telegramm 2001, 32, Nr. 3, S. 33-34
34 Bundesinstitut für Arzneimittel und Medizinprodukte, www.bfarm.de
35 P. Schönhöfer in der ZDF-Sendung »Fakt«, 20.08.01
36 arznei-telegramm 2004, 35,Nr. 11, 117-130

37 Journal of the American Medical Association 2002: 287(17), 2215-2220
38 TZ München 16./17.08.03
39 DGPT-Forum 2001, Nr. 28
40 medicine worldwide, http://www.m-ww.de/krankheiten/infektionskrankheiten/aids.html
41 APMIS Suppl 2003: 114, 1-37
42 Nature 1995: 373, 117-122
43 Journal of Experimental Medicine 2000: 192, 1491-1500
44 Journal of Immunology 2003: 171, 2812-2824
45 Der Spiegel 6/1998, S. 186-187
46 Der Spiegel 41/2004, S. 160-162
47 Gill Langley: A regulatory Smokescreen, BUAV/ECEAE 2004
48 Archives of Toxicology 2004: 78, 549-564
49 A. Hahn in F.G. Gruber/H. Spielmann: »Alternativen zu Tierexperimenten«, Spektrum Akademischer Verlag 1996, S. 127-142
50 International Agency for Research on Cancer, www.iarc.fr
51 Der Spiegel 43/2001, S. 234-192
52 Kreiszeitung Böblingen, 11.10.01
53 C. Gericke et al: SATIS-Studie,95 – Erfassung des Tierverbrauchs und des Einsatzes von Alternativmethoden im Studium an deutschen Hochschulen, Timona-Verlag Bochum 1996
54 New Scientist (2004) 2436: 17
55 J R Coll Physicians Edinb (2002) 32: 244-265
56 BUAV Campaign Report – Winter 2004

Die Autoren

Dr. med. vet. Corina Gericke, Jahrgang 1963, Studium der Tiermedizin in Hannover und Gießen. 1994 Approbation als Tierärztin. Dissertation zu einem Thema aus dem Bereich der Tierschutzgesetzgebung. Praktische Tätigkeit als Tierärztin in England. Seit 1984 aktive Tierversuchsgegnerin und Tierrechtlerin. Seit 1999 als Fachreferentin bei Menschen für Tierrechte – Bundesverband der Tierversuchsgegner e.V. und Ärzte gegen Tierversuche e.V.

Astrid Reinke, Jahrgang 1959, ist Tierärztin mit Zusatzqualifikation in Verhaltenstherapie und Akupunktur. Seit 1976 Engagement für Tiere. Führt nach Absolvierung entsprechender Lehrgänge seit 1999 Tierschutzunterricht in Schulen durch, Schwerpunkte Tierhaltung, Tierverhalten, Tierversuche, seit 2004 Referentin bei Ärzte gegen Tierversuche e.V.

Dr. Bernhard Rambeck ist Leiter der pharmakologischen Abteilung einer Einrichtung für Epilepsiekranke. Er befasst sich in wissenschaftskritischen Arbeiten mit dem tierexperimentellen Forschungssystem. Dr. Edmund Haferbeck ist promovierter Agrarwissenschaftler und durch zahlreiche Veröffentlichungen zum Thema Tierrechte bekannt. Andrea Clages widmet sich seit ihrem Philosophiestudium vor allem den ethischen Fragen.

Prof. Dr. jur. Wolfgang Karnowsky lehrt Rechtswissenschaft für Sozialarbeiter und Sozialpädagogen an der Fachhochschule Dortmund. Er ist Vorsitzender des Kuratoriums der Hans-Rönn-Stiftung, Menschen für Tiere, Düsseldorf, die jährlich Menschen ehrt, die sich durch ihren besonderen Einsatz für die Tiere verdient gemacht haben.

Fotodokumentation

Tierversuche geschehen hinter verschlossenen Türen.
Niemand soll sie sehen.

Deswegen entstanden alle folgenden Fotos innerhalb verdeckter Ermittlungen.

Die Bilder der Hunde stammen aus einem IAMS-Vertragslabor. Sie entstanden aus einer neunmonatigen Ermittlung der Tierrechtsorganisation PETA USA im Zeitraum 2002/2003. Einem Teil der Tiere wurde sogar die Stimmbänder durchtrennt.
IAMS gehört zum multinationalen Konzern Procter & Gamble. Eine bekannte Heimtierfuttersorte ist Eukanuba.

Die Fotos der Affen im Tierversuch konnten anlässlich einer Undercover-Ermittlung durch PETA im Zeitraum von April 2004 bis März 2005 im amerikanischen COVANCE-Labor in Vienna/Virginia gemacht werden. COVANCE gilt als der weltweit größte Tierversuchskonzern, speziell auf Affenversuche konzentriert, und hat einen Jahresumsatz bei ca. 6700 Angestellten von ca. einer Milliarde Dollar.
COVANCE hat auch eine Niederlassung in Deutschland, in der ausschließlich Affenversuche vorgenommen werden. Ca. 1000 Affen sterben dort jährlich im Versuch.

Maisy braucht Aufmerksamkeit – bekommt sie aber nur sehr spärlich. Noch schlimmer für sie ist es, dass ihre Stimmbänder durchtrennt wurden und sie keine Stimme mehr hat. Maisy ist seit dem 18. September 1997 eingesperrt.

Diese Hündin von Iams hat keinen Namen – nur eine Labor-Identifikationsnummer. Weil sie keinen Liegeplatz hat und nicht mal während der Reinigung des Käfigs raus darf, muss sie oftmals auf nassem Beton sitzen oder liegen. Sie ist einsam und depressiv.

Maxine versteckt sich hinten in ihrem Stahlkäfig oder im Rinnstein in ihrem Beton-Zwinger. Sie hat Schwierigkeiten beim Essen, wenn sie im Versuchskäfig eingesperrt ist. Ihr und 18 weiteren Hunden wurden chirurgisch die Stimmbänder durchtrennt. Iams hat nichts getan, um zu verhindern, dass Maxine oder die anderen Hunde ihre Stimme verlieren.

Sally ist extrem ängstlich. Sie wurde am 10. April 1996 geboren. Sie hat ihre Jahre in Gefangenschaft mit dem Versuch verbracht, auf den kalten Spaltenböden zu schlafen oder zu laufen. Viele Hunde verletzen sich, wenn sie sich mit ihren Füßen zwischen den Spalten verfangen.

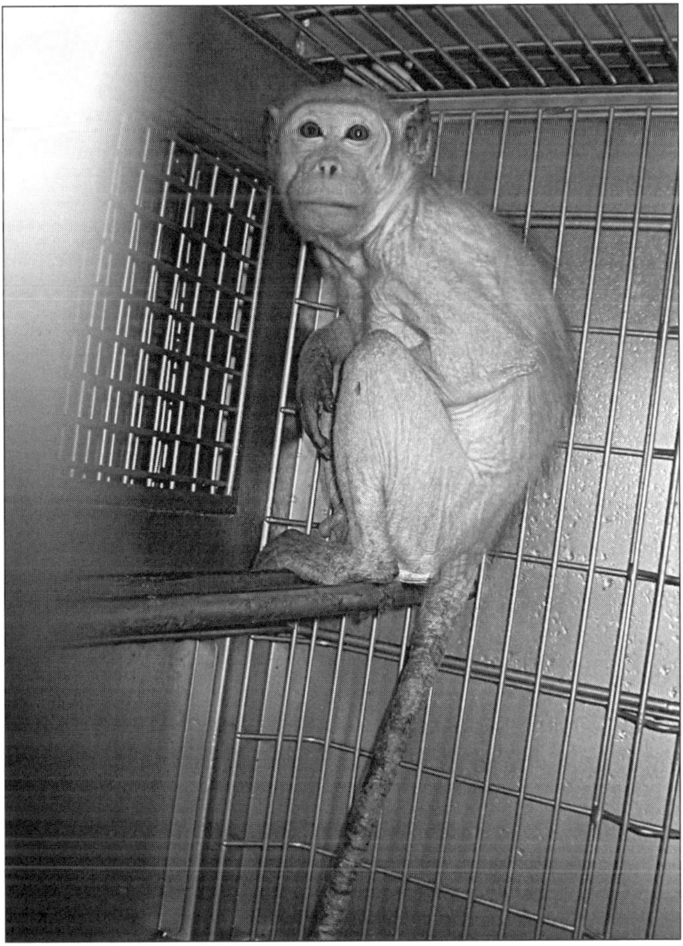

Es kann kein Zweifel daran bestehen, dass die Durchführung von Tierversuchen mit den damit notwendig verbundenen Beeinträchtigungen der Tiere als Misshandlung derselben eingestuft werden können und dies auch durch den Verfügungsbeklagten werden. Sicherlich werden durch die Untersuchungen die Tiere bewusst und gezielt in ihrer körperlichen Integrität beeinflusst.

Urteil des Landgerichts München I v. 13.10.2004 im Rechtsstreit COVANCE (Verfügungsklägerin) gegen F. Mülln (Verfügungsbeklagter), Az. 9 0 15406/04

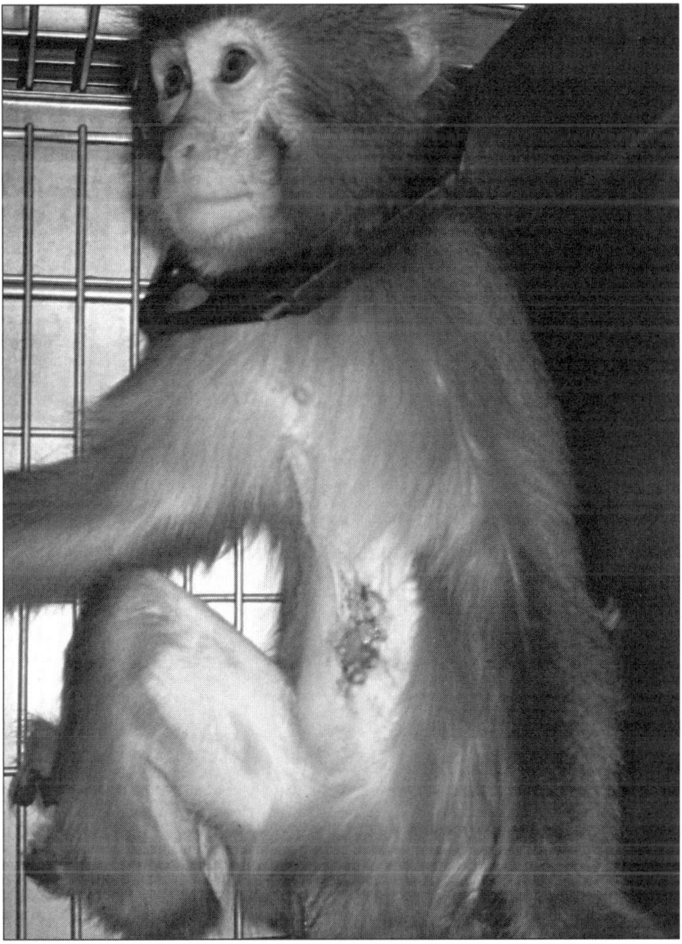

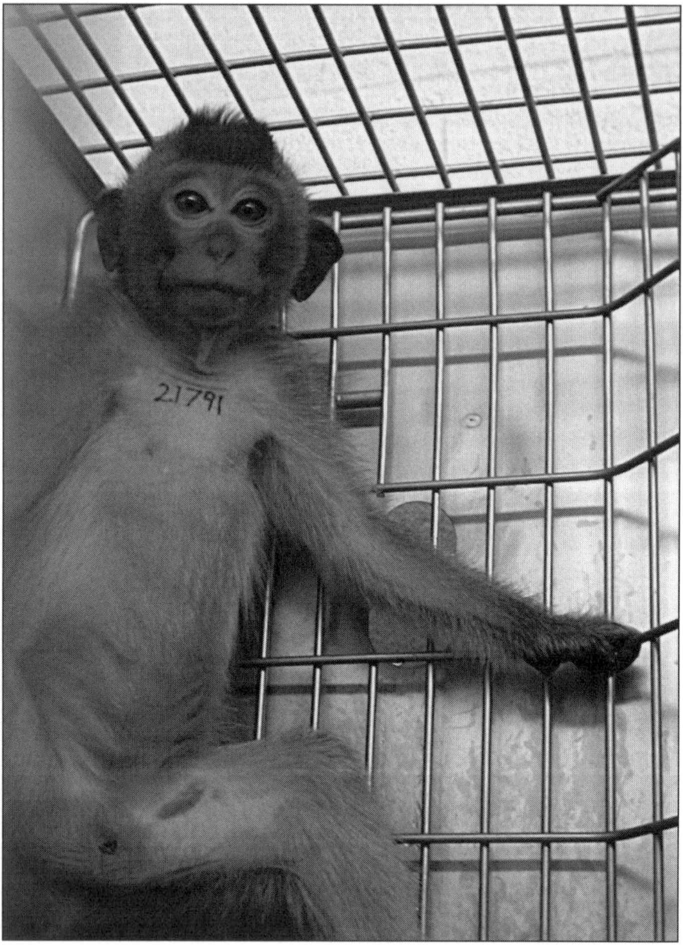
21791

Dazu kommt ein weiterer Gesichtspunkt, der dafür spricht, dass das scheinbar präzise Kriterium der Aufdeckung rechtswidriger Verhaltensweisen tatsächlich Randunschärfen aufweist. Denn es mag sein, dass ein bestimmtes Verhalten zwar nicht rechtswidrig ist, das geltende Recht aber seinerseits reformbedürftig ist. Eine solche Konstellation kann die Verfügungsbeklagte hier für sich in Anspruch nehmen. Einer der Wissenschaftler, die in diesem Verfahren Stellung bezogen haben, hat festgestellt, dass die zur Zeit geltende »Richtlinie des Rates 86/609/EWG vom 24. November 1986 zur Annäherung der Rechts- und Verwaltungsvorschriften der Mitgliedsstaaten zum Schutz der für Versuche und andere wissenschaftliche Zwecke verwendeten Tiere« (ABl. 86/L 358/1ff) den Bedürfnissen der Versuchstiere in keiner Weise gerecht werde. Tierhaltung nach diesen Mindestanforderungen laufe an sich der Forderung von § 2 des deutschen Tierschutzgesetzes nach artgerechter Tierhaltung zuwider. Die EU habe mittlerweile eine neue Richtlinie erarbeitet, die jedoch noch keine Gültigkeit erlangt habe.

Auszug aus der Urteilsbegründung des Landgerichts Münster, Az. 12 0 153/04 im Rechtsstreit COVANCE (Verfügungsklägerin) und Dr. Corina Gericke (Verfügungsbeklagte) v. 15.9.2004